光信息专业综合实验

张树东　尚连聚　徐　慧　主编

山东大学出版社

内容简介

为配合光电信息科学与工程专业“激光原理与技术”“光纤通信”和“信息光学”课程配套实验的开展，结合具体实验设备情况，编写了本实验教材。全书由独立的三个部分组成。

第一部分为激光原理与特性实验，介绍了半外腔氦氖激光器、氙灯泵浦固体激光器、半导体泵浦固体激光器的特性实验及调节技术。

第二部分为光纤信息与光通信实验，基于 ZH5002 型光纤通信原理综合实验系统实验箱，介绍了电终端的编译码、复接与解复接、信道编码与接口技术和光端机的加扰码、光纤线路码型变换及译码、接收定时恢复实验技术。结合 ZH5002B 型光纤光无源器件连接实验箱，开展了光信号发送和接收、光分路和波分复用实验。

第三部分为信息光学实验，介绍了分辨率板直读法测量光学系统分辨率、基于线扩散函数测量光学系统 MTF 值、全息技术在信息安全方面的应用等实验。

目　录

第一部分　激光原理与特性实验

实验一　半外腔氦氖激光器的调试及功率输出特性实验

一、实验简介

1917 年，爱因斯坦在量子理论的基础上提出了崭新的概念：在物质与辐射场的相互作用中，构成物质的原子或分子可以在光子的激励下产生光子的受激发射或吸收。这就已经隐示了，如果能使组成物质的原子（或分子）数目按能级的热平衡分布出现反转，就有可能利用受激发射实现光放大。后来，许多科学家致力于相关的理论及实验研究，终于在 1960 年 7 月，梅曼演示了世界上第一台激光器，即红宝石固体激光器。按工作物质的类型不同，激光器可分为气体激光器、固体激光器、半导体激光器、液体激化器、自由电子激光器、化学激光器和 X 射线激光器等。氦氖（He-Ne）激光器是继红宝石固体激光器后出现的第二种激光器，也是目前使用最为广泛的气体激光器之一。

二、实验目的

（1）掌握 He-Ne 激光器的工作原理，熟悉半外腔 He-Ne 激光器的组成部分。

（2）掌握半外腔 He-Ne 激光器的调试方法。

（3）测量半外腔 He-Ne 激光器的功率输出特性。

（4）掌握功率测试仪的使用方法。

三、实验原理

He-Ne 激光器是最早研制成功的气体激光器，在可见及红外波段可产生多条激光谱线，其中最强的 3 条谱线是 632.8nm、1.15μm 和 3.39μm。放电管长数十厘米的 He-Ne 激光器输出功率为毫瓦量级，放电管长 1～2m 的激光器输出功率可达数十毫瓦。由于它能输出优质的连续运转可见光，而且具有结构简单、体积较小、价格低廉等优点，在准直、定位、全息照相、测量、精密计量等方面得到了广泛的应用。

图 1-1-1 为 He-Ne 激光器的 3 种结构形式。阴极和阳极间通过充有氦氖混合气体的毛细管放电，使 Ne 原子的某一对或几对能级间形成集居数反转。虽然混合气体中 He 的含量数倍于 Ne，但激光跃迁只发生于 Ne 原子的能级间，辅助气体 He 的作用是提高泵浦效率。

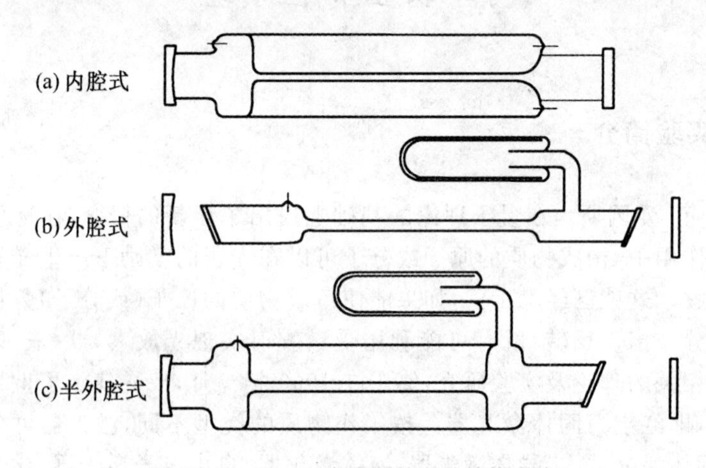

图 1-1-1　He-Ne 激光器的 3 种结构形式

图 1-1-2 是 Ne 原子和 He 原子的能级示意图。632.8nm、1.15μm 和 3.39μm 3 条谱线分别对应 Ne 的 $3S_2 \rightarrow 2P_4$、$2S_2 \rightarrow 2P_4$ 和 $3S_2 \rightarrow 3P_4$ 跃迁。

He-Ne 激光器的 3 条最强激光谱线中，哪一条谱线起振完全取决于谐振腔介质膜反射镜的波长选择。由图 1-1-2 可知，632.8nm 和 3.39μm 两条激光谱线具有相同的上能级，因此，这两条谱线之间存在着剧烈的竞争。由于增益系数与波长的三次方成正比，显然 3.39μm 谱线的增益系数远大于 632.8nm 谱线的增益系数。在较长的 632.8nm He-Ne 激光器中，虽然介质膜反射镜对 632.8nm波长的光具有较高的反射率，仍然会产生较强的 3.39μm 波长的放大自发辐射或激光，这将使上能级集居数减少，从而导致 632.8nm 激光功率下降。为了获得较强的 632.8nm 激光输出，可采用下述方法抑制 3.39μm 辐射的产生：借助腔内棱镜色散，使 3.39μm 激光不能起振；腔内插入对 3.39μm 波长的光吸收元件(如甲烷吸收盒)；借助轴向非均匀磁场使 3.39μm 谱线线宽增加，从而使其增益下降。

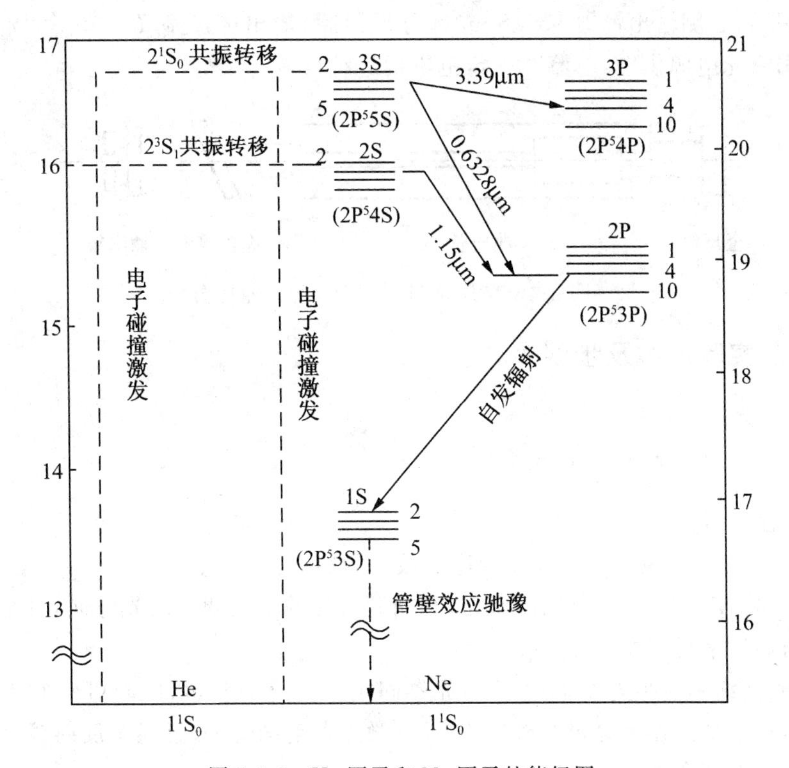

图 1-1-2　He 原子和 Ne 原子的能级图

四、实验仪器

整体实验装置如图 1-1-3 所示，主要由半外腔 He-Ne 激光器（包括全反镜）、调节板、准直 He-Ne 激光器、实验导轨和激光电源组成。右侧 He-Ne 激光器、调节板（或小孔光阑）等元件仅用于调试半外腔 He-Ne 激光器。

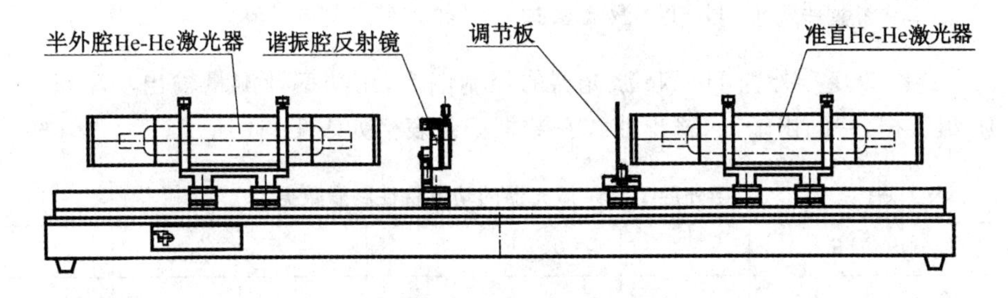

图 1-1-3　半外腔 He-Ne 激光器整体实验装置

本实验中，半外腔 He-Ne 激光器的原理如图 1-1-4 所示。左侧全反镜与放电管固结，右侧输出镜镀 632.8nm 部分反射膜，输出透过率 $T=50\%$。放电管由专用激光电源供电，电流在一定范围内连续可调。

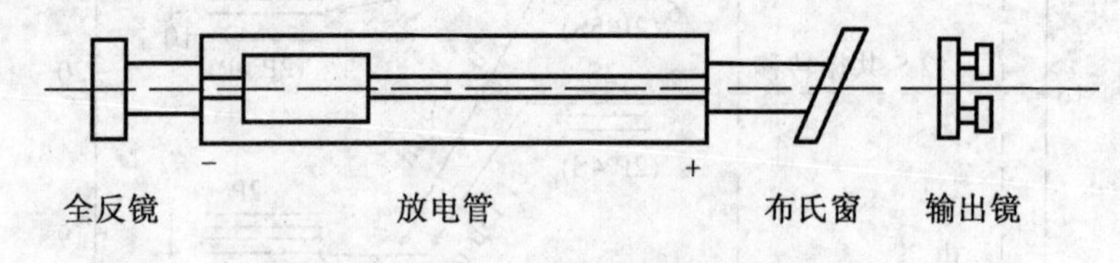

图 1-1-4　半外腔 He-Ne 激光器的原理图

五、实验内容及步骤

(一)半外腔 He-Ne 激光器的调试

1. 激光准直法

(1)将各元件按照图 1-1-3 顺序摆放在导轨上。

(2)将准直 He-Ne 激光器点亮，利用调节板的小孔调整出光方向，直至准直光束与导轨平行。

(3)仔细调节半外腔 He-Ne 激光器固定架的 6 个旋钮(此时可暂时不放输出镜)，直至激光光束穿过半外腔 He-Ne 激光器毛细管，并且经全反射镜反射回的激光光点打到小孔中心位置。

(4)打开半外腔 He-Ne 激光器电源，放上输出镜，调节输出镜位置及各方向倾斜度，使反射镜反射准直光点打到调节板小孔中心位置，这时应该有激光发出。如果没有激光出射，可以微调谐振腔反射镜上的两个旋钮，直至出光为止。

2. 十字光靶法(自准直法)

本实验不采用此法，详见附录。

(二)测量半外腔 He-Ne 激光器的功率输出特性

连续改变半外腔 He-Ne 激光器的控制电流，用功率计测量输出功率，记录 10 组数据，并画出输入、输出曲线。数据记录表格如表 1-1-1 所示。

表 1-1-1　　半外腔 He-Ne 激光器的功率特性测量数据

控制电流(mA)						
输出功率(mW)						

附录

十字光靶法(自准直法)

(1)将半外腔 He-Ne 激光器、谐振腔反射镜和调节板放到导轨上，如图 1-1-3所示。

(2)将半外腔 He-Ne 激光器与控制电源接好(注意：红色与红色相接，黑色与黑色相接，切勿接反)，打开电源，激光管发出橙红色的光。

(3)将调节板有十字叉丝面对准半外腔激光器，并用光源(如台灯)照亮十字线，在十字叉丝中间有一小孔，眼睛通过小孔，看到激光管的毛细管另一端，调节半外腔激光器调整架的 6 个旋钮，直至眼睛看到全反镜反射的“小白点”(即眼睛、小孔、毛细管在一条直线上)，如图 1-1-5 所示。

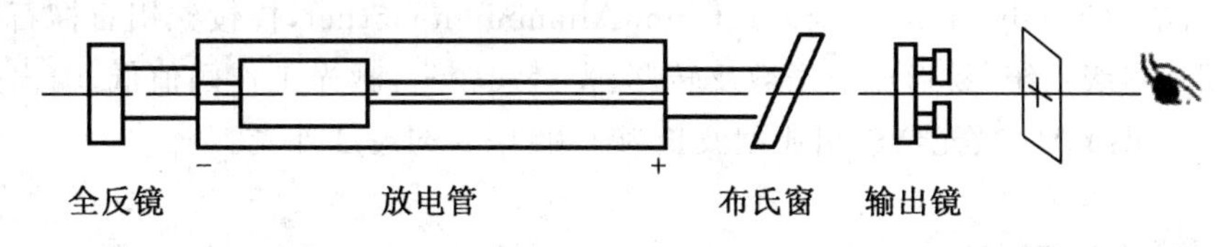

图 1-1-5　观看示意图

(4)观察输出镜反射回的调节板上十字叉丝像的位置。此时的十字叉丝像可能在图 1-1-6 的某一位置，调节输出镜的两个旋钮，使十字叉丝完全落在小孔的正中间，如图 1-1-7 所示。这说明谐振腔反射镜与激光管管内的毛细管完全垂直。此时，应马上有激光射出。若谐振腔光学腔长不满足谐振条件(驻波条件)，也可能不出光，还需继续调节谐振腔的两个旋钮，至射出激光为止。

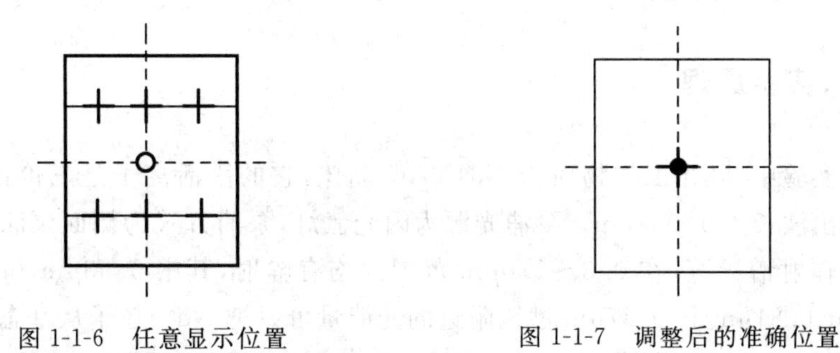

图 1-1-6　任意显示位置　　　　图 1-1-7　调整后的准确位置

注意：在调节叉丝位置的时候，不能用眼睛一直观察，以免激光突然出射打伤眼睛。一定要先观察叉丝的位置，然后让眼睛离开小孔，再根据偏移方向进行调节。重复以上步骤，直至出光为止。

实验二　氙灯泵浦固体激光器的装调及静态特性实验

一、实验简介

固体激光器一般由泵浦源、谐振腔、工作物质、聚光器和控制电源组成。常见的固体激光器有：红宝石激光器、Nd：YAG 激光器、Nd：YVO_4 激光器、钕玻璃激光器、铒激光器、钛宝石激光器等。本实验使用的是 Nd：YAG 激光器，Nd：YAG 晶体（Neodymium-doped Yttrium Aluminium Garnet，掺钕钇铝石榴石晶体）属四能级系统，易形成粒子数反转，荧光谱线较窄，激光工作阈值低、输出效率高。Nd：YAG 激光器输出典型波长为 1.064μm 的近红外光。

二、实验目的

(1)掌握固体激光器的工作原理。

(2)熟悉固体激光器的组成。

(3)掌握常用固体激光器调整和检测仪器的使用方法。

(4)测量固体激光器的静态特性。

(5)通过光电探测器和示波器观察脉冲波形。

三、实验原理

本实验中，激光工作物质为 Nd：YAG 晶体，它的激活离子是三价钕离子，激光输出波长为 1.064μm。泵浦光源为闪光氙灯，泵浦方式为侧面泵浦。闪光氙灯的辐射谱较宽，在 0.3～1.0μm 范围内均有辐射，其中 0.53μm、0.58μm、0.75μm、0.81μm 和 0.87μm 谱线附近的光能量可以把 Nd^{3+} 粒子从基态激发到 $^4F_{5/2}$ 的各个 Stark 分裂能级上，但 Nd^{3+} 粒子在此能级上的寿命非常短(10^{-10}s)，可以通过特别快的弛豫过程无辐射地落到亚稳态 $^4F_{3/2}$ 能级上。亚稳态能级寿命(10^{-4}s)相对较长，从而可实现粒子数反转。处于亚稳态 $^4F_{3/2}$ 能级上的粒子向低能级受激跃迁即可辐射出不同波长的激光。Nd^{3+} 主要有 3 条发射谱线：$^4F_{3/2}\rightarrow{}^4I_{13/2}$、$^4F_{3/2}\rightarrow{}^4I_{11/2}$ 和 $^4F_{3/2}\rightarrow{}^4I_{9/2}$，对应的辐射波长分别为 1.319$\mu$m、1.064$\mu$m

和 0.950μm,其中室温下 1.064μm 谱线是发射截面最大、增益最强的一条谱线,0.950μm 次之,最弱的是 1.319μm。显然,$^4F_{3/2} \to {}^4I_{11/2}$ 跃迁属四能级系统。由于$^4I_{11/2}$能级位于基态之上,集居数很少,只需很低的泵浦能量就能实现激光振荡,所以,Nd:YAG 激光器的振荡波长通常为 1.064μm。$^4F_{3/2} \to {}^4I_{13/2}$ 跃迁虽然也属于四能级系统,但跃迁概率小,只在设法抑制 1.064μm 激光的情况下,才能产生 1.319μm 的激光。$^4F_{3/2} \to {}^4I_{9/2}$ 跃迁属三能级系统,室温下难以产生激光。图 1-2-1 为 Nd:YAG 晶体中 Nd^{3+} 的能级结构示意图。

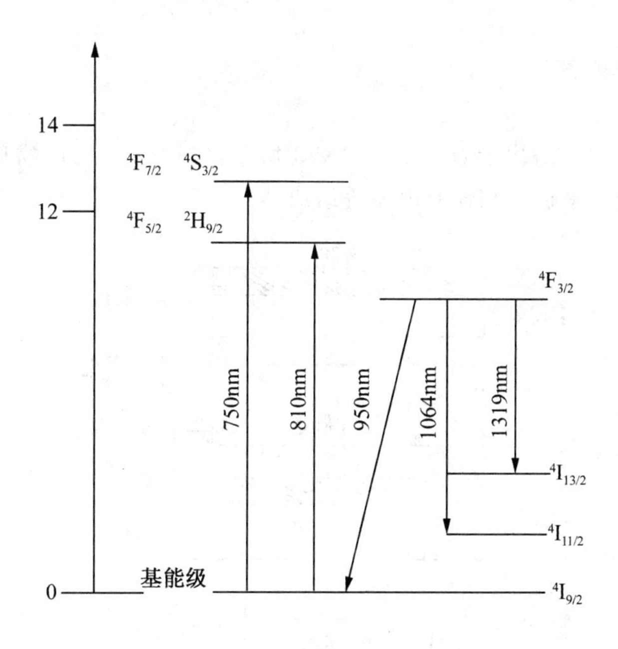

图 1-2-1　Nd:YAG 晶体中 Nd^{3+} 能级结构

一般结构的固体激光器称为“静态激光器”。理论与实验表明,它输出的脉冲并不是一个平滑的脉冲,而是一群只有微秒量级的尖峰脉冲序列,如图 1-2-2 所示,人们称这种现象为“激光弛豫振荡”或“尖峰振荡”。激光弛豫振荡的产生机理可定性地解释为当粒子反转数 Δn 达到并稍超过阈值时,开始产生激光。受激辐射使粒子反转数 Δn 下降,当 Δn 下降到阈值时,激光脉冲达到峰值。Δn 小于阈值,增益小于损耗,所以光子数减少。但随着光泵的增加,Δn 又重新增加,再次达到阈值时,又产生第二个尖峰脉冲。在整个光泵时间内,这种过程反复进行,形成一系列尖峰脉冲序列。增加光泵的输入能量,则尖峰脉冲的个数增加,尖峰脉冲之间的时间间隔变小,激光弛豫振荡的总宽度约为毫秒量级。

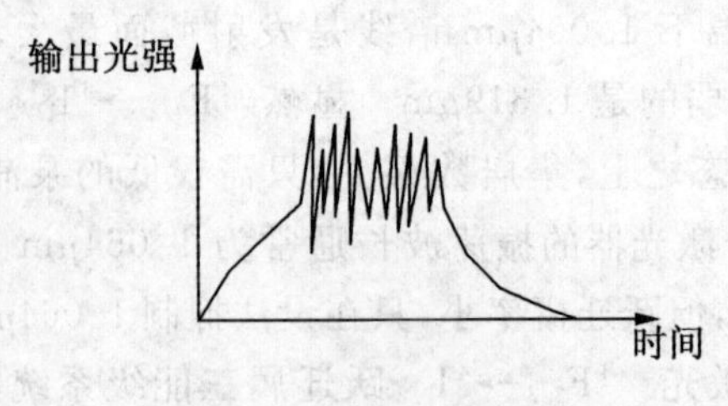

图 1-2-2　激光弛豫振荡

四、实验仪器

静态激光器的结构示意图如图 1-2-3 所示，它由激光工作物质、光激励泵源、聚光器、光学谐振腔和控制电源等组成。

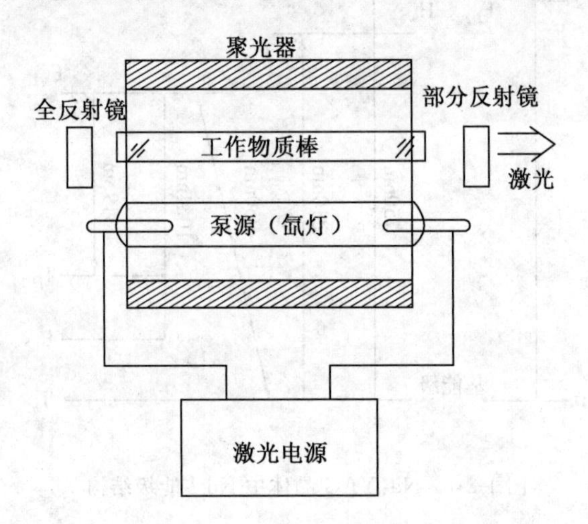

图 1-2-3　静态激光器结构示意图

本实验的 Nd:YAG 激光器实验装置结构如图 1-2-4 所示。He-Ne 激光器、光栅用于调整 Nd:YAG 激光器，能量计和光电检流计用于测量激光器的输出能量，光电探测器和示波器用于观察氙灯闪光波形和激光输出波形，部分反射镜透过率 $T=80\%$。激光器工作中，闪光氙灯要不断地充放电，该工作由激光电源完成，图 1-2-5 为脉冲氙灯充放电示意图。

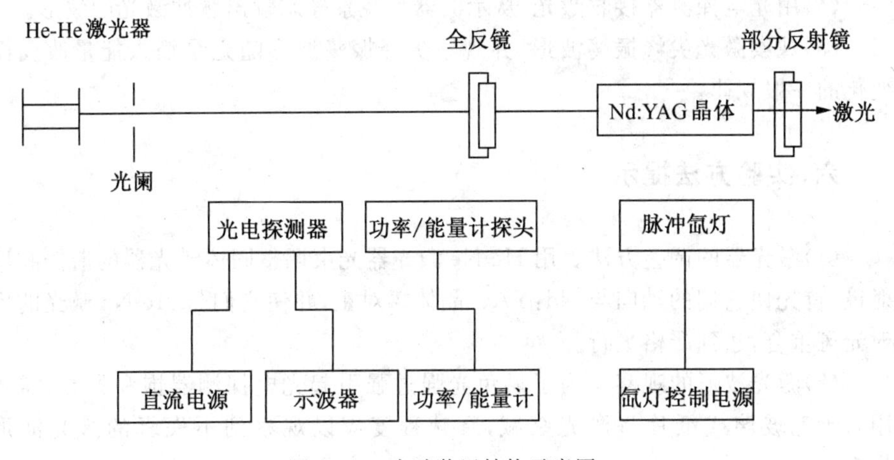

图 1-2-4　实验装置结构示意图

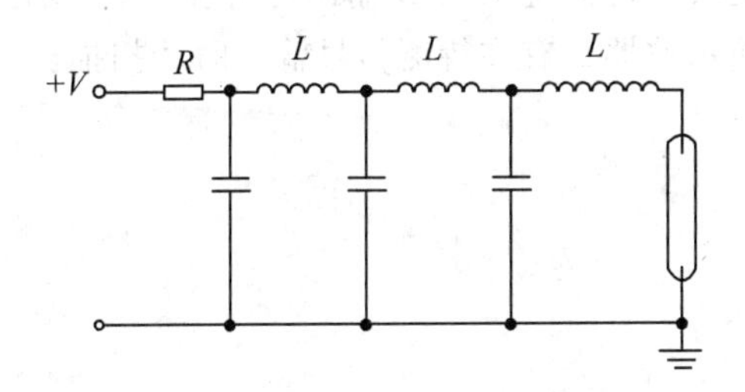

图 1-2-5　脉冲氙灯充放电示意图

五、实验内容及步骤

(1)装调静态固体激光器,使之产生激光,反复调整,降低阈值。

(2)测量激光器的泵浦阈值。

使储能电容器充电(从 700V 到 300V)。分别触发激光器,用黑相纸记录打出的斑点,直到黑相纸打不出痕迹时,即为激光器阈值输入功率(或能量)。也可用更灵敏的倍频感应片观察光斑。

(3)重复上述实验,将激光脉冲射入功率/能量计探头,从功率/能量计上读出相应激光平均功率(或能量)数值,画出输入输出曲线。如图 1-2-6 所示,延长实验曲线与横坐标轴的交点,即为泵浦阈值。并将该阈值与(2)中结果作比较。

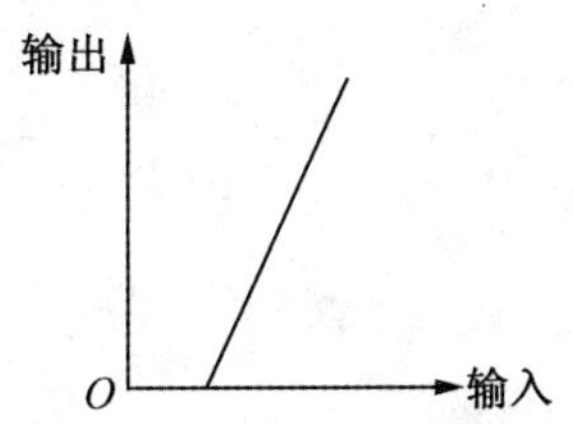

图 1-2-6　激光输入输出曲线

(4)用光电探测器接收激光,从示波器上观察静态输出脉冲激光的波形。

(5)观察激光尖峰振荡波形,并观察尖峰振荡波形随光泵输入能量改变而变化的一般规律。

六、实验方法提示

(1)激光器的调整方法。用He-Ne激光器光束调整固体激光器的谐振腔反射镜,首先使它们的轴向与Nd:YAG晶体棒对正,并使它们与He-Ne激光的反射光斑重合,达到严格平行。

(2)激光波形的观察。为了避免光强过强引起光电探测器饱和失真,需要用若干毛玻璃或纸片将激光衰减,衰减程度应以观察到不失真的激光波形为准。

(3)用示波器观察氙灯闪光波形和输出脉冲激光波形时,要注意调整示波器的触发灵敏度,使示波器只有在待测信号输入时才扫描。

实验三 脉冲Nd:YAG激光倍频实验

一、实验简介

Nd:YAG晶体属于四能级系统,易形成粒子数反转,荧光谱线较窄,激光工作阈值低,输出效率高。典型激光输出波长约为1064nm的近红外光。采用倍频技术后,可获得532nm的绿光。

二、实验目的

(1)掌握激光倍频的基本原理。
(2)理解相位匹配的物理实质。
(3)测量静态激光的倍频效率。

三、实验原理

当一束波长为1064nm的激光通过倍频晶体后,会有532nm的绿光出现,这种现象称为"倍频效应"。那么,这是什么原因产生的呢?

我们知道,在通常情况下,光学媒质多半是通光性很好的电介质。当不加外电场时,它们不呈现电性,虽然组成原子、分子的电子和原子核均是带电的粒子,但是当光通过介质的时候,光波电磁场(主要是电场)要和带电粒子发生相互作用,即电场引起介质极化。在光波电场作用下,分子或原子的正负电荷重心分离,从而呈现电性。因为光波电磁场的频率非常高,电场方向周期性地迅速改变,因此,分子、原子的极化也迅速改变。只有质量很轻的电子才能作如此迅速的响应,核几乎不动。这样,在物质内部就形成一个个迅速振动着的偶极子。不断振动着的偶极子向外辐射新的电磁波,各振子产生的次极电磁波在某些方向彼此干涉加强,而在另一些方向彼此干涉相消。

为了表征介质极化的大小,引入一物理量——电极化强度 P,它表示单位体积内由外电场引起的偶极矩之和。实验发现,在电场不太强时,电极化强度与电场成正比,即:

$$P=\chi E(z,t) \tag{1-3-1}$$

式中：χ［希腊字母，音(kai)］为电极化系数。E 可以是直流电场，在此实验情况中，它是光波电场：

$$E(z,t)=\varepsilon\cos(\omega t-kz) \tag{1-3-2}$$

式中：ε 为光波电场振幅，ω 为光波角频率（$\omega=2\pi\nu$，ν为光频）。k 为光波矢量（$k=2\pi n/\lambda$，n 为介质折射率，λ 为波长）。光在 Z 方向传播。将式(1-3-2)代入式(1-3-1)得：

$$P=\chi\varepsilon\cos(\omega t-kz) \tag{1-3-3}$$

可见，介质的极化也像光波一样在介质中传播，我们称之为“极化波”。还可以看到，此极化波的频率与原入射波的频率相同，这就是所谓的线性极化。可以想象得到，线性极化所辐射出的电磁波的频率也会与入射波的频率相同。

但是，当光很强时，在式(1-3-1)中还应考虑到非线性极化，于是：

$$P=\chi^{(1)}E+\chi^{(2)}E^2+\chi^{(3)}E^3+\cdots \tag{1-3-4}$$

式中：$\chi^{(1)}$、$\chi^{(2)}$、$\chi^{(3)}$ 分别为一次、二次、三次极化系数，$\chi^{(1)}$ 即为式(1-3-1)中的 χ，所以也称为“线性极化系数”。式(1-3-4)中第二、三等项称为“非线性项”。一般来说，每后面一项比前一项小得多。但当 E 足够大时，非线性项就变得可观了，比如式(1-3-4)中第二项，即二次极化就会产生可观察到的效应。令：

$$p^{(2)}=\chi^{(2)}E^2 \tag{1-3-5}$$

将式(1-3-2)代入式(1-3-5)，有：

$$p^{(2)}=\frac{1}{2}\chi^{(2)}\varepsilon^2\cos(2\omega t-2kz)+\frac{1}{2}\chi^{(2)}\varepsilon^2 \tag{1-3-6}$$

注意，式中出现了频率为 2ω 的极化波。也就是说，它可以产生频率为 2ω 的极化电磁波。这就解答了我们刚才提出的问题。

虽然，有了强的激光束就有可能产生非线性极化，从而得到倍频光，但是要有效地将基波能量转换到谐波上去，须满足所谓的位相匹配条件：

$$k_2=2k_1 \tag{1-3-7}$$

式中：k_1 和 k_2 分别为基波和二次谐波的波矢，由式(1-3-7)可以得到：

$$n_2=n_1 \tag{1-3-8}$$

式中：n_2 和 n_1 分别为基波和谐波在倍频中的折射率。式(1-3-8)表明，必须要求谐波和基波的折射率相等。从物理上看，由基波所引起的非线性振子辐射的倍频电磁波彼此同步，才能干涉加强从而得到强的倍频光。

在同性介质中，式(1-3-8)是无法满足的，因为色散使不同频率的光波具有不同的折射率。在各相异性的介质中，情况却大不相同，图 1-3-1 为负单轴晶体对基波和谐波的折射率曲面。由图可见，波矢在与光轴成 θ 的角度时，二次

谐波 e 光的折射率等于基波光的折射率，此角满足：

$$\sin^2\theta=\frac{(n_2^o/n_1^o)^2-1}{(n_2^o/n_1^e)^2} \tag{1-3-9}$$

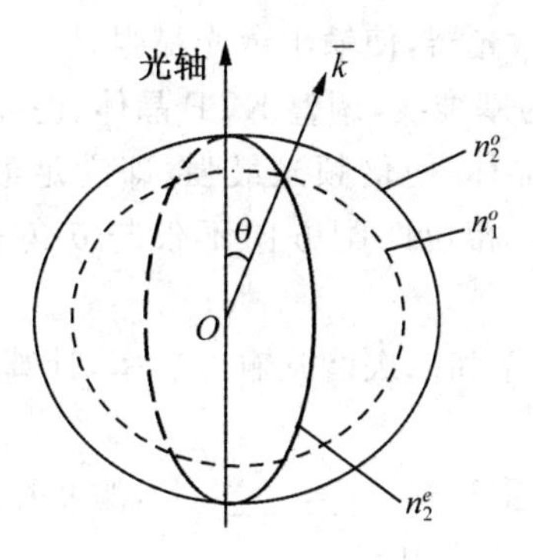

图 1-3-1　负单轴晶体的折射率曲面

表 1-3-1 给出了几种倍频晶体室温下的折射率和相位匹配角。

表 1-3-1　　三种常见晶体的折射率和相位匹配角

晶体种类	波长(μm)	n_o	n_e	θ
$Ba_2NaNb_5O_{15}$（铌酸钡钠）	1.06 0.53	2.262 2.372	2.175 2.256	71°30″
$LiNbO_3$（铌酸锂）	1.06 0.53	2.231 2.320	2.152 2.230	87°
KH_2PO_4（KDP）	1.06 0.53	1.495 1.507	1.455 1.467	30°57″

四、实验仪器

整个实验装置如图 1-3-2 所示，主要部分为：脉冲 Nd：YAG 激光器、KTP 倍频晶体、滤光片、激光能量计、光电检流计和 He-Ne 激光器(作准直用)。

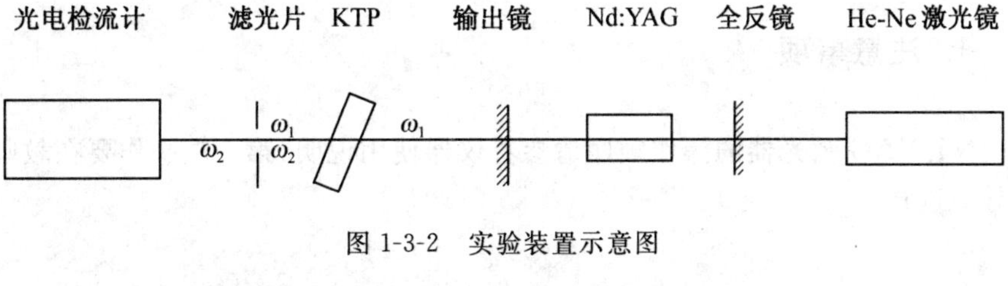

光电检流计　滤光片　KTP　输出镜　Nd:YAG　全反镜　He-Ne激光镜

ω_2　ω_1　ω_2　ω_1

图 1-3-2　实验装置示意图

五、实验内容及步骤

(1)调整 Nd:YAG 激光器,使输出激光最强。

(2)以 He-Ne 激光为基准线,调整 KTP 晶体、滤光片、激光能量计等。

(3)逐步转动 KTP 晶体,使倍频光最强,即满足最佳相位匹配条件(注意:KTP 晶体属于双轴晶体,相位匹配方向不仅与 θ 角有关,而且还与方位角 φ 有关)。

(4)测量基波输入功率和二次谐波输出功率,计算倍频效率(应考虑到滤光片的损耗)。

实验前提条件:氙灯重复率:________ Hz,滤光片损耗:________%。

将所得数据填入表 1-3-2 中。

表 1-3-2　　　　Nd:YAG 激光倍频实验测量数据

氙灯控制电压(V)						
输入基波平均功率(W)						
输出谐波平均功率(W) (经滤光片输出)						
输出谐波平均功率(W) (滤光片之前输出)						
倍频效率						

六、思考题

式(1-3-9)中诸符号所代表的意义是什么?你如何理解“位相匹配”这一概念?

七、注意事项

Nd:YAG 激光器的操作顺序请参看仪器使用说明,第一次操作要在教师的指导下进行。

实验四　LD泵浦固体激光器的工作原理和调试方法实验

一、实验目的

(1)掌握LD泵浦Nd:YAG固体激光器的工作原理。

(2)学会LD泵浦固体激光器的调试方法。

二、实验原理

(一)普通光源的发光——自发辐射

普通常见光源的发光(如电灯、火焰、太阳等的发光)是由于物质在受到外来能量(如光能、电能、热能等)作用时,原子中的电子吸收外来能量而从低能级跃迁到高能级,即原子被激发。激发的过程是一个“受激吸收”过程。处在高能级(E_2)的电子寿命很短(一般为$10^{-9}\sim10^{-8}$s),在没有外界作用下会自发地向低能级(E_1)跃迁,跃迁时将产生光(电磁波)辐射。辐射光子能量为:

$$h\nu=E_2-E_1$$

这种辐射称为“自发辐射”。原子的自发辐射过程完全是一个随机过程,各发光原子的发光过程各自独立,互不关联,即所辐射的光在发射方向上是无规则地射向四面八方。另外,末位相、偏振状态也各不相同。由于激发能级有一个宽度,所以发射光的频率也不是单一的,而是有一个范围。在通常热平衡条件下,处于高能级E_2上的原子数密度N_2,远比处于低能级的原子数密度小。这是因为处于能级E的原子数密度N的大小时随能级E的增加而指数减小,即$N\propto\exp(-E/kT)$,这就是著名的波耳兹曼分布规律。于是在上、下两个能级上的原子数密度之比为:

$$N_2/N_1\propto\exp[-(E_2-E_1)/kT]$$

式中:k为波耳兹曼常量,T为绝对温度。因为$E_2>E_1$,所以$N_2<N_1$。例如,已知氢原子基态能量为$E_1=-13.6$eV,第一激发态能量为$E_2=-3.4$eV,在20℃时,$kT\approx0.025$eV,则:

$$N_2/N_1\propto\exp(-400)\approx0$$

可见，在 20℃ 时，全部氢原子几乎都处于基态，要使原子发光，必须外界提供能量使原子到达激发态，所以，普通广义的发光包含了受激吸收和自发辐射两个过程。一般来说，这种光源所辐射光的能量是不强的，加上向四面八方发射，更使能量分散了。

（二）受激辐射和光的放大

由量子理论知识知道，一个能级对应电子的一个能量状态。电子能量由主量子数 $n(n=1,2,\cdots)$ 决定。但是实际描写原子中电子运动状态除能量外，还有轨道角动量 L 和自旋角动量 s，它们都是量子化的，由相应的量子数来描述。对于轨道角动量，波尔曾给出了量子化公式 $Ln=nh$，但这不严格，因为这个式子还是在把电子运动看作轨道运动基础上得到的。严格的能量量子化以及角动量量子化都应该由量子力学理论来推导。

量子理论告诉我们，电子如果选择规则不满足，则跃迁的概率很小，甚至接近零。在原子中可能存在这样一些能级，由于不满足跃迁的选择规则，可使它在这种能级上的寿命很长，不易发生自发跃迁到低能级上，这种能级称为“亚稳态能级”。但是在外加光的诱发和刺激下，可以使其迅速跃迁到低能级，并发射出光子。这种过程是被“激”出来的，故称“受激辐射”。受激辐射的概念是爱因斯坦于 1917 年在推导普朗克的黑体辐射公式时，第一个提出来的。他从理论上预言了原子发生受激辐射的可能性，这是激光的基础。

受激辐射的过程大致如下：原子开始处于高能级 E_2，当一个外来光子所带的能量 $h\nu$ 正好为某一对能级之差 E_2-E_1，则这一原子可以在此外来光子的诱发下从高能级 E_2 向低能级 E_1 跃迁。这种受激辐射的光子有显著的特点，就是原子可发出与诱发光子全同的光子，不仅频率（能量）相同，而且发射方向、偏振方向以及光波的相位都完全一样。于是，入射一个光子，就会出射两个或多个完全相同的光子。这意味着原来的光信号被放大了，这种在受激过程中产生并被放大的光，就是激光。

图 1-4-1 为二能级原子中的三种跃迁示意图。

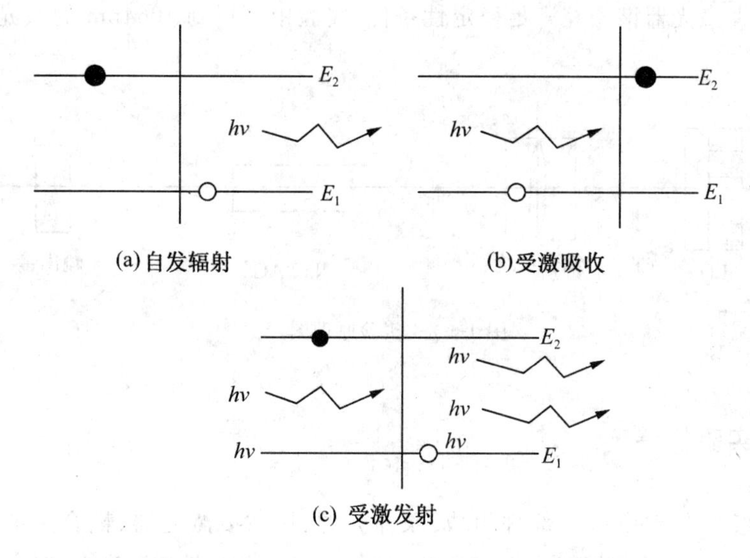

图 1-4-1　二能级原子中的三种跃迁示意图

（三）粒子数反转

一个诱发光子不仅能引起受激辐射，也能引起受激吸收，所以，只有当处在高能级的原子数目比处在低能级的还多时，受激辐射跃迁才能超过受激吸收而占优势。由此可见，为使光源发射激光而不是发出普通光的关键是发光原子处在高能级的数目比低能级上的多。这种情况称为"粒子数反转"。但在热平衡条件下，原子几乎都处于最低能级（基态）。因此，如何从技术上实现粒子数反转就成了产生激光的必要条件。

（四）谐振腔

有了合适的工作物质和激励源后，可实现粒子数反转，但这样产生的受激辐射强度很弱，无法在实际中应用。于是，人们就想到了用光学谐振腔进行放大。所谓光学谐振腔，实际上就是在激光器两端，面对面地装上两块反射率很高的镜。一块几乎全反射，一块光大部分反射、少量透射出去，以使激光可透过这块镜子而射出。被反射回工作介质的光，继续诱发新的受激辐射，光被放大。因此，光在谐振腔中来回振荡，造成连锁反应，雪崩似的获得放大，产生强烈的激光，从部分反射镜一端输出。

LD 泵浦 Nd:YAG 固体激光器中的 LD 的波长为 808nm，它泵浦 Nd:YAG

激光晶体。激光器谐振腔满足稳定性条件，实验中可得到 1064nm 的激光输出（见图 1-4-2）。

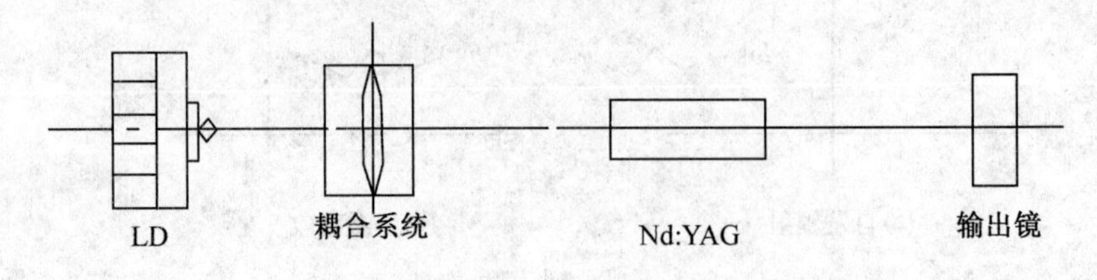

图 1-4-2　实验原理图

三、实验仪器

整个实验仪器由以下部件组成：泵浦光源、He-Ne 激光器、耦合系统、Nd:YAG 晶体、1064 输出镜（$T=5\%$或 $T=10\%$均可）、调节板和激光上转换片。

四、实验内容及步骤

（一）准直光束的调节

先将仪器中的其他器件取下，只留下激光晶体及调整架固定在仪器导轨上。采用外置 He-Ne 激光器进行自准直调整，以使激光器光斑中心对准激光晶体中心。将激光晶体调整架沿着导轨前后移动，观察激光器光斑是否始终在泵浦光源中心。如果不在中心则调节激光器或者调节激光晶体调整架，直至激光器光斑始终在泵浦光源中心位置。

（二）泵浦光源的调节

将调节板放置在 He-Ne 激光器与主机之间，调节调节板的位置，使 He-Ne 激光器的光束通过调节板上的小孔中央。将泵浦光源调整架放在导轨上，同时调整泵浦光源调整架，让准直激光打在泵浦光源中心，并且将泵浦光源反射在调节板上的像点调整到调节板上的小孔中央。

（三）耦合系统的调节

将耦合系统放置在导轨上，然后调节调节旋钮，使 He-Ne 激光器光点照到耦合透镜后返回的像点在调节板的小孔中央。

（四）激光晶体的调节

将激光晶体调整架放到导轨上，并调节其位置，使 He-Ne 激光器光点照到晶体后返回的像点在调节板的小孔中央，然后将泵浦光电源开关打开，将电流调节在 0.5A 左右，然后前后移动耦合系统和晶体，同时观察耦合后的光斑，使耦合后光斑的最亮点打在激光晶体上。

（五）输出镜的调节

将输出镜调整架放在导轨上靠近激光晶体的位置，然后慢慢调节其位置使其返回的像点在调节板的小孔中央。此步骤实际上就是激光器谐振腔的调节。Nd:YAG 晶体的左边镜面与输出镜镜面共同构成一个激光谐振腔。通过调整输出镜的前后位置或者更换不同的输出镜，就能改变谐振腔的腔长或腔模体积。

五、思考题

LD 泵浦的固体激光器相比氙灯泵浦的固体激光器有何优点？

实验五　激光器阈值及功率转换效率测量实验

一、实验目的

(1)了解激光器泵浦阈值的概念,学会测量泵浦阈值。

(2)掌握功率转换效率的概念及其测量方法。

二、实验原理

(一)泵浦阈值

激光器主要由泵浦源、激光增益介质、腔镜组成。泵浦源提供能量给增益介质,介质中的激活离子吸收能量后跃迁到高能级,进而在激光上能级和下能级之间形成粒子数反转,并产生受激发射。但是由于激光谐振腔存在着各种各样的损耗,比如腔镜不平行导致的几何偏折损耗、散射及透射损耗、腔镜的有限尺寸导致的衍损耗、激光晶体的吸收损耗等,产生受激发射需要一个门槛。用 g 表示激光的增益系数,表示激光谐振腔的损耗系数,只有当激光谐振腔产生的增益大于损耗,即:$g>\alpha$ 时,才能形成激光。这个门槛所对应的泵浦能量值或功率值叫作激光的“泵浦阈值”。

利用激光器的 $P_{in}—P_{out}$ 曲线可以找到 P_{th},具体做法有三种:第一种是双斜法,它是将 $P_{in}—P_{out}$ 曲线中两条直线延长线交点所对应的功率作为激光器的阈值功率 P_{th}[见图 1-5-1(a)];第二种是在输出光功率延长线与功率轴的交点作为激光器的 P_{th}[见图 1-5-1(b)],这是一种比较常规的做法;第三种方法是在 $P_{in}—P_{out}$ 曲线中,将输出功率对泵浦功率求二阶导数,求导数波峰所对应的功率值为 P_{th},这种做法的测量精度较高,如图 1-5-1(c)所示。

(二)功率转换效率

当形成激光后,在一定范围内,输出激光能量正比于注入能量(可以用激光电源的能量、工作电压、闪光等的功率等来表示)。通过测量不同注入能量下的激光输出能量,可以得到一条能量输入输出曲线。该曲线的斜率称为激光器的

“斜效率”,或“功率转换效率”。

该实验原理可参考图 1-4-2。

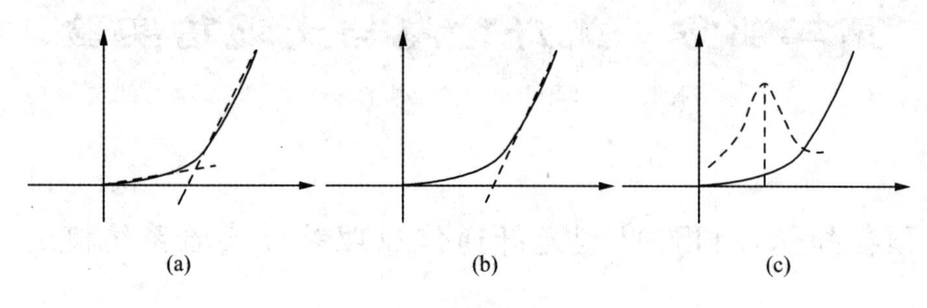

图 1-5-1　测量阈值功率方法

三、实验仪器

整个实验仪器由以下部件组成:泵浦光源、He-Ne 激光器、耦合系统、Nd:YAG 晶体、1064 输出镜($T=5\%$或 $T=10\%$)、调节板、功率计和激光上转换片。

四、实验内容及步骤

(1)按照实验四的步骤调出 1064nm 激光。

(2)将泵浦光源的电流调到最小,然后慢慢增大电流,同时借助激光上转换片观察。当激光上转换片上有红点出现时,用功率计测取此时 1064nm 激光的功率。

(3)然后继续增大泵浦光源电源电流,每变化 0.2A 记录一次 1064nm 激光功率,直到电流调到最大。

(4)将其他器件取下,在导轨上只留下泵浦光源,用功率计测取步骤(3)的电流值下的泵浦光源功率。

(5)利用步骤(3)和步骤(4)记录的数据绘制出输入输出特性曲线,并找出激光器的阈值,计算出功率转换效率。

五、思考题

激光器的阈值及功率转换效率与哪些因素有关?

第二部分　光纤信息与光通信实验

预备知识：ZH5002型光纤通信原理综合实验系统概述

一、实验系统组成

ZH5002型光纤通信原理综合实验系统由电终端和光终端两部分组成(图2-0-1中用粗线分开)。每个部分由若干模块单元组成，每个模块都能单独开设实验，每个模块的名称及编号如表2-0-1所示。

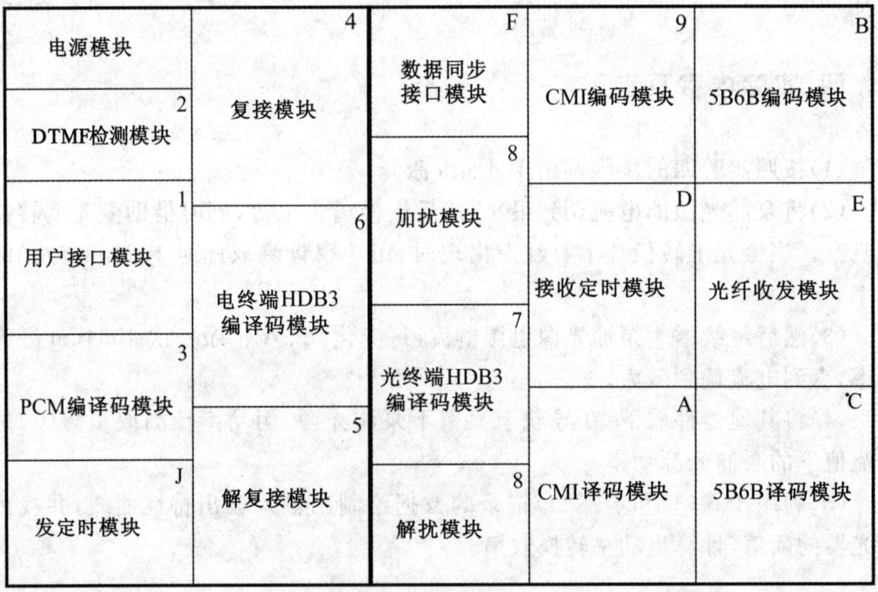

电源模块
2 DTMF检测模块
1 用户接口模块
3 PCM编译码模块
J 发定时模块
4 复接模块
6 电终端HDB3编译码模块
5 解复接模块
F 数据同步接口模块
8 加扰模块
7 光终端HDB3编译码模块
8 解扰模块
9 CMI编码模块
D 接收定时模块
A CMI译码模块
B 5B6B编码模块
E 光纤收发模块
C 5B6B译码模块

图2-0-1　ZH5002型光纤通信原理综合实验系统面板布置图

表 2-0-1　　ZH5002 型光纤通信实验系统各模块名称及编号

电终端部分	光终端部分
2/4 线用户接口模块(1) DTMF 检测模块(2) PCM 编译码模块(3) 数字复接模块(4) 数字解复接模块(5) 电终端 HDB3 编译码模块(6) 电终端定时发送定时模块(J)	光终端 HDB3 编译码模块(7) 数据加扰码和解扰码模块(8) CMI 编码模块(9)和译码模块(A) 5B6B 编码模块(B)和译码模块(C) 光纤收发模块(E) 接收定时模块(D) 数据同步接口模块(F)

注:DTMF,Dual Tone Multifrequency,双音多频;PCM,Pulse Code Modulation,脉冲编码调制;HDB3,High Density Bipolar of Order 3,三阶高密度双极性码;CMI,Coded Mark Inversion,传号交替反转码。

二、实验系统与外部通信终端或测量设备的连接端口

电话接口(P1):(在模块 1)连接电话机。

同步数据接口:(在模块 F)接口电平特性为 RS422,实现外部数据与光终端机之间的传送,如连接误码测试仪或数字电视终端。

尾纤 SC 连接端口(UE02):(在模块 E)连接一条单模光纤,可与另一实验箱连接,实现单纤双向通信。

数字时钟信号输入端口(J002):时钟测试信号输入。

模拟测试信号输入端口(J003):模拟测试信号输入。

各端口布局如图 2-0-2 所示。

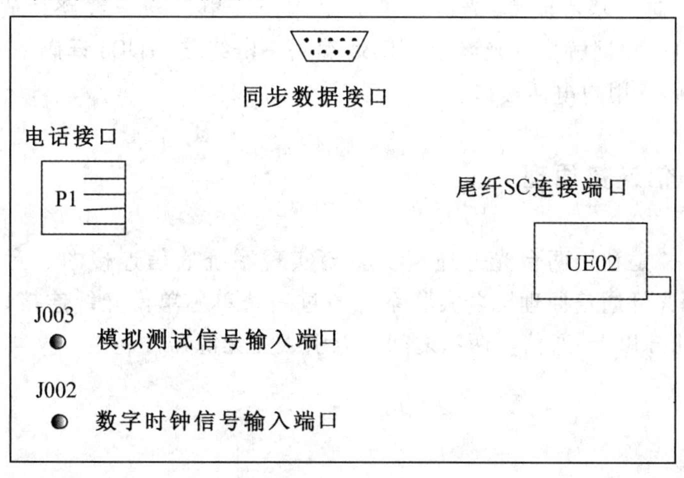

图 2-0-2　外接端口在 ZH5002 型实验系统中的布局示意图

三、实验系统各模块连接原理

图 2-0-3 是 ZH5002 型实验系统各模块连接示意图。

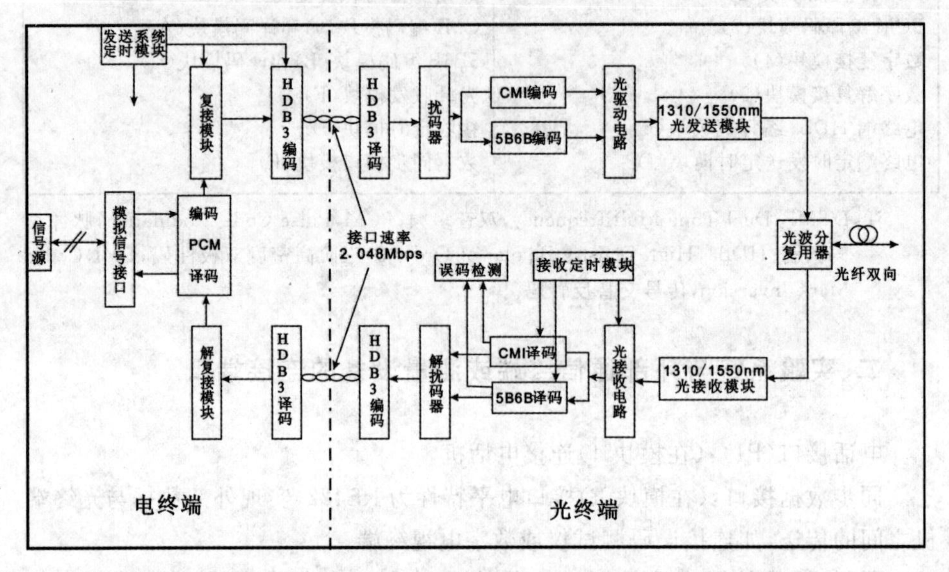

图 2-0-3　ZH5002 型光纤通信原理综合实验系统各模块连接示意图

发送方向的基本流程:用户电话接口→话音 PCM 编码→E1 复接→电终端 HDB3 编码→光终端 HDB3 译码→数据扰码→线路编码(CMI 或 5B6B 编码)→电光转换→波分复用→光纤。

接收方向的基本流程:光纤→波分复用→光电转换→线路译码(CMI 或 5B6B 译码)→数据解扰→光终端 HDB3 编码→电终端 HDB3 译码→E1 解复接→PCM 译码→用户电话接口。

四、通信连接原理

图 2-0-4 是利用两台光纤通信实验箱实现系统通信连接的示意图。两台 ZH5002 型光纤通信原理综合实验系统通过一条单芯单模光纤连接,实现双向远距离(30km 以上)通信。两箱之间可以引入光无源器件。

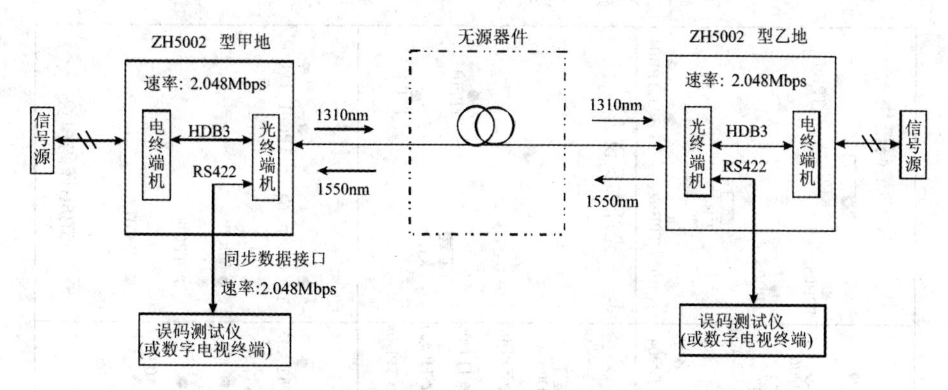

图 2-0-4 ZH5002 型光纤通信实验系统通信连接示意图

五、测试孔及跳线器默认状态

图 2-0-5 是 ZH5002 型光纤通信实验系统测试孔及跳线器默认状态图。黑色为插入跳线帽,实现短路;白色为无跳线帽,实现开路。

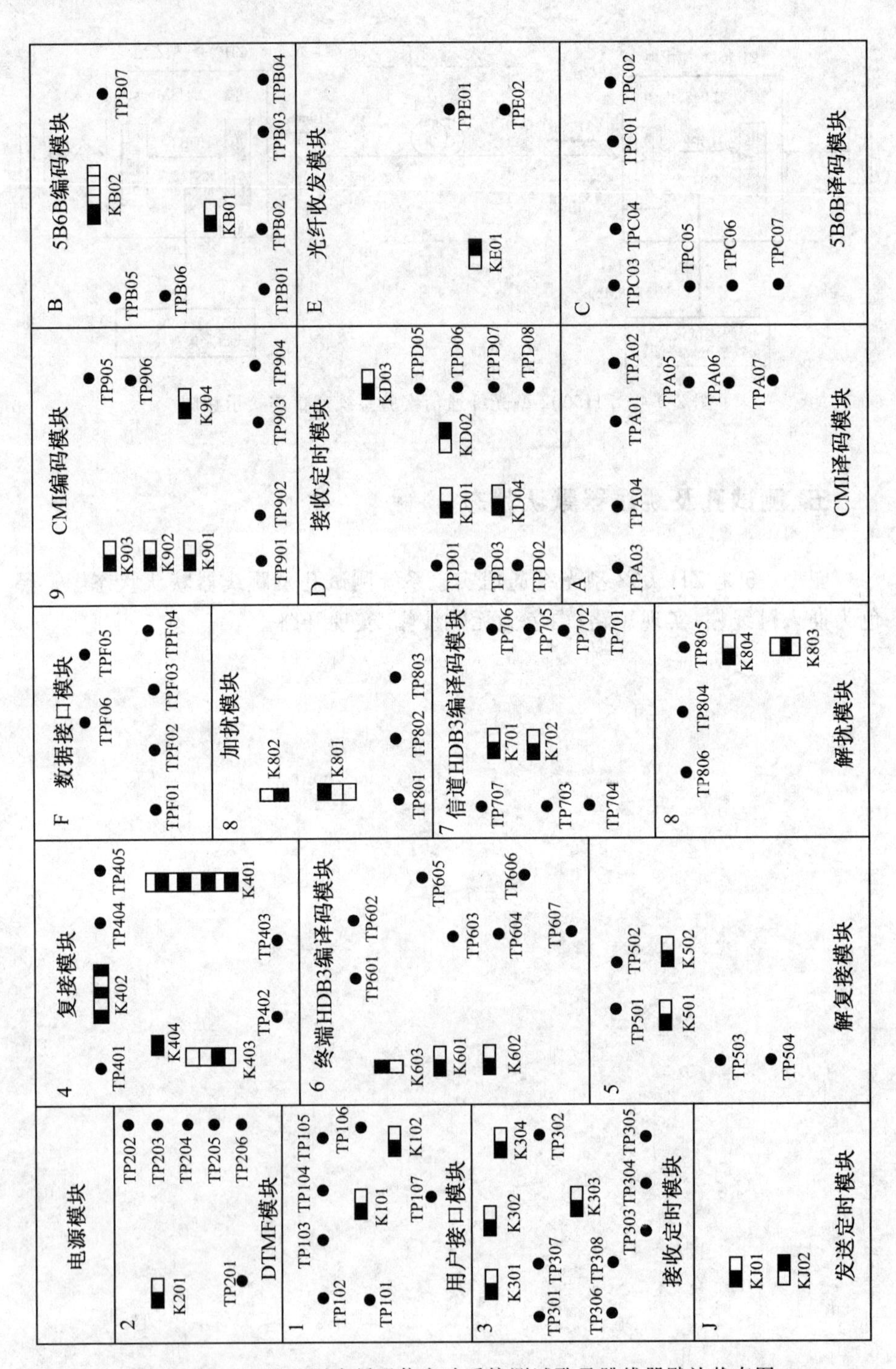

图 2-0-5　ZH5002 型光纤通信实验系统测试孔及跳线器默认状态图

实验一 电终端PCM编译码实验

一、实验目的

(1)了解语音编码的工作原理,验证PCM编译码方法。
(2)熟悉PCM抽样时钟、编码时钟和输入/输出码数据的关系。
(3)了解PCM专用大规模集成电路的工作原理和应用。

二、实验仪器

ZH5002型光纤通信原理综合实验系统、20MHz双踪示波器、函数信号发生器各一台。

三、实验原理

PCM(Pulse Code Modulation)编译码模块的功能:将来自用户接口模块的模拟信号进行PCM编码输出;将来自解复接模块的PCM码字进行译码,译码后的模拟信号送入用户接口模块。该模块主要由语音编译码集成电路U302(MC145540)、运放U301(TL082)、晶振U303(20.48MHz)及相应的跳线开关、电位器组成,其电路框图如图2-1-1所示。

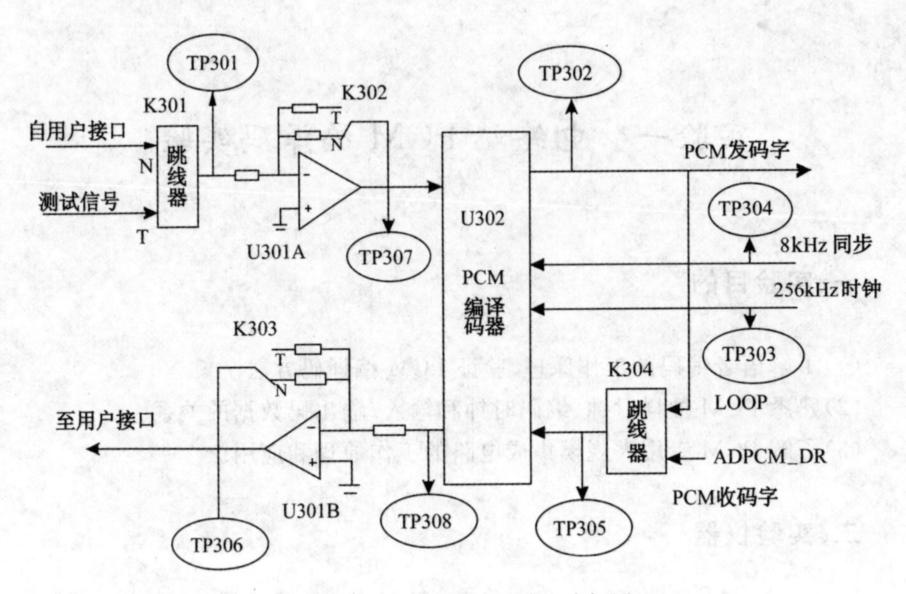

图 2-1-1　PCM 模块电路组成框图

电路工作原理：PCM 编译码模块由收、发两个支路组成。

在发送支路，模拟信号经 U301A 放大后送入 U302 的脚 2 进行 PCM 编码。在编码抽样时钟 FSX(8kHz)和编码输入时钟 BCLK(256kHz)控制下，PCM 编码数据从 U302 的脚 20 输出(ADPCM_DT)，送往后续的数据复接模块或直接送往 PCM 译码单元(构成自环回路)。

在接收支路，来自解复接模块的 PCM 码字(ADPCM_DR)或直接来自本地自环测试用 PCM 编码数据(ADPCM_DT)，在接收帧同步时钟 FSX(8kHz)与接收输入时钟 BCLK(256kHz)的共同作用下，将接收数据送入 U302 中进行 PCM 译码。译码之后的模拟信号经 U301B 放大缓冲输出，送到用户接口模块中。

PCM 编译码模块中的各跳线功能：

跳线器 K301 用于设置 PCM 编码器的输入信号选择。当 K301 置于正常状态(N)，选择来自用户接口单元的话音信号；置于测试状态(T)，选择来自模拟测试信号输入端口(J003)的测试信号。

跳线器 K302 用于设置发送通道的增益选择。当 K302 置于正常状态(N)，选择系统默认的增益设置；置于测试状态(T)，可通过调整电位器 W301 设置通道的增益。

跳线器 K303 用于设置接收通道的增益选择，功能类似 K302。

跳线器 K304 用于设置 PCM 译码器的输入数据选择。当 K304 置于正常状态 1_2(左端),译码数据来自解复接模块的 PCM 数据码;置于测试状态 2_3(右端),译码数据来自自环的 PCM 编码数据。

PCM 编译码模块中测试点的定义:

TP301:发送模拟信号测试点。

TP302:PCM 发送码字。

TP303:PCM 编码器输入/输出时钟。

TP304:PCM 编码抽样/帧同步时钟。

TP305:PCM 接收码字。

TP306:接收模拟信号测试点。

TP307:PCM 编码前输入信号(模拟)。

TP308:PCM 译码后输出信号(模拟)。

四、实验内容及步骤

(一)PCM 编码器

1. 编码抽样时钟信号和编码输入时钟信号观测

用示波器同时观测编码抽样时钟信号(TP304)和编码输入时钟信号(TP303),观测时以 TP304 作同步,在图 2-1-2 中画出其波形,并分析两个时钟信号的对应关系(同步沿、脉冲宽度等)。

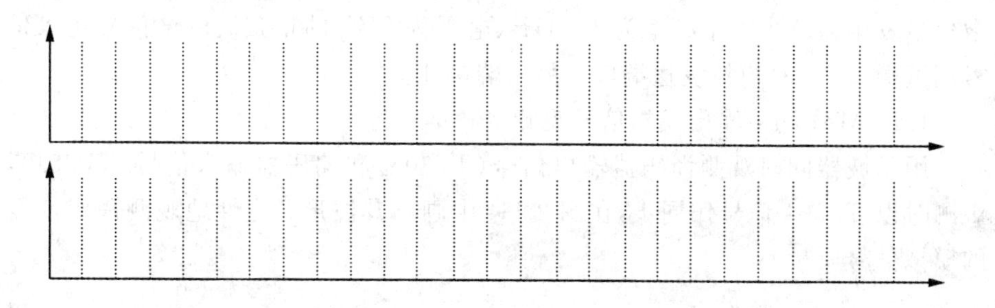

图 2-1-2　编码抽样时钟与编码输入时钟波形

2. 编码抽样时钟信号与 PCM 编码输出数据信号观测

将跳线开关 K301 设置在 T 位置,用函数信号发生器产生一个频率为 1000Hz、电平为 $2V_{p-p}$ 的正弦波测试信号送入信号测试端口 J003,另一端接地。用示波器同时观测抽样时钟信号(TP304)和编码输出数据信号(TP302),观测时以 TP304 作同步,在图 2-1-3 中画出其波形,并分析 PCM 编码输出数据与抽样时钟信号、编码输入时钟的对应关系。

将正弦波改为 TTL 方波测试信号，重复实验。

图 2-1-3　编码抽样时钟与 PCM 编码输出波形

(二)PCM 译码器

将跳线开关 K301 设置在 T 位置、K304 设置在自环位置 2_3(右端)。用函数信号发生器产生一个频率为 1004Hz、电平为 $2V_{p\text{-}p}$ 的正弦波测试信号送入信号测试端口 J003(模拟发送端口)，另一端接地。

1. PCM 译码器输出模拟信号观测

用示波器同时观测译码器输出信号(TP306)和编码器输入信号(TP301)，观测时以 TP301 信号作同步，在图 2-1-4 中画出其波形。定性地观测译码恢复的模拟信号质量。

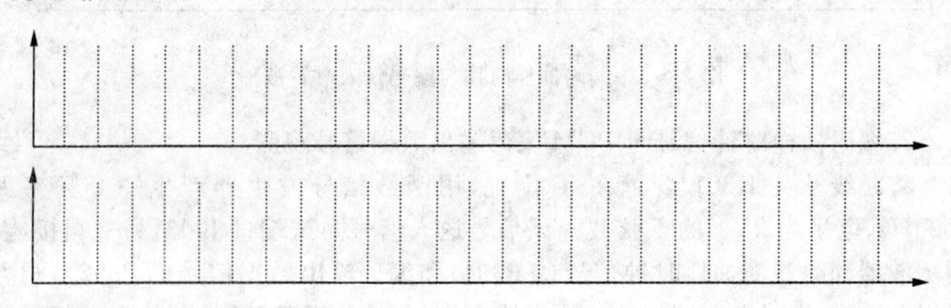

图 2-1-4　编码输入信号与译码输出信号波形

2. 频率特性测量

保持正弦波测试信号电平为 $2V_{p-p}$不变，改变函数信号发生器输出频率，用点频法测量频率从 250Hz 改变到 4000Hz 过程中，译码器输出信号 TP306 的电平变化，在图 2-1-5 中画出其图像。

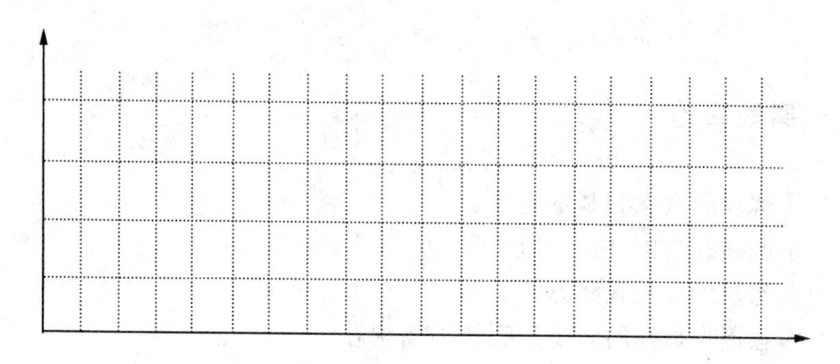

图 2-1-5 译码输出信号电平与输入信号频率的变化关系

3. 观测信噪比与输入信号频率变化的相关关系

条件同上，用示波器定性观测译码器输出信号 TP306 的信噪比随输入信号频率变化的关系，并总结其特点，添入观测结果表 2-1-1 中。

表 2-1-1 译码输出信号信噪比随输入信号频率的变化特点

观测结果：

五、实验结果分析及处理

(1)整理实验数据，画出相应的曲线和波形。

(2)根据 PCM 编码输出数据信号，分析其特征及产生该特征的原因。

(3)分析 PCM 编译码器的频率特性曲线，可得什么结论？

实验二　E1 帧成形及其传输实验

一、实验目的

(1)了解帧的概念和基本特性。

(2)了解帧的结构、组成过程。

(3)熟悉帧信号的观测方法。

(4)熟悉接收端帧的同步过程和扫描状态。

二、实验仪器

ZH5002 型光纤通信原理综合实验系统、20MHz 双踪示波器各一台。

三、实验原理

(一)TDM 帧复接

在数字传输系统中,为了共享信道,各种业务数据在传输之前需要进行包装,这一对数据进行包装的过程称为“帧组装”。不同的系统,信道设备帧组装的格式和过程不一样。时分复用(TDM)是被广泛使用的信道复用制式之一。

TDM 是在同一个信道上利用不同的时隙来传递各路(语音、数据或图像)不同信号,各路信号之间的传输是相互独立的,互不干扰。在 ZH5002 型光纤通信原理综合实验系统中,E1 复接信号传输采用标准的 TDM 传输格式。32 路 TDM(一次群)系统帧组成结构如图 2-2-1 所示。

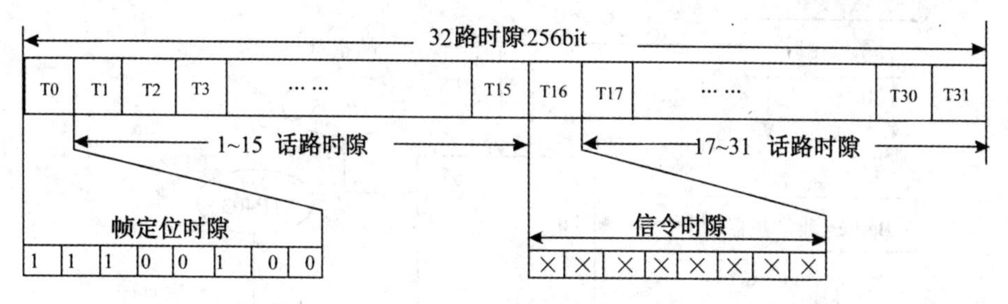

图 2-2-1　32 路 TDM 系统帧组成结构示意图

一帧划分为 32 段时隙（T0～T31），每个时隙长度为 8bit。T0 时隙为帧定位时隙（亦称“报头”），用于接收设备作帧同步用。T1～T15 时隙用于话音业务，分别对应第 1 路到第 15 路话音 PCM 码字。T16 时隙用于信令信号传输，完成信令的接续。T17～T31 时隙用于话音业务，分别对应第 16 路到第 30 路话音 PCM 码字。

在帧信号随机变化的数字码流中，也会以一定概率出现与帧定位码型一致的假定位信号，它将影响接收端帧定位的捕捉。在搜索帧定位码时，系统连续地对接收码流进行搜索，因此，帧定位码要具有良好的自相关特性。本同步系统中帧定位码选用 7 位 Barker 码（1110010），其具有良好的自相关特性，使接收端具有良好的相位分辨能力。

为便于对信号传输的观测，本模块中的 T1 时隙设置为 8 位跳线开关信号。T2 时隙设置为特殊码序列，通过开关 K403 可产生 4 种不同的码型。话音业务 PCM 编码数据信号的时隙位置可通过开关 K402 随意控制插入在 T3、T4……T15 或 T17、T18……T31 任一位置（注：若插入到 T0、T1、T2 和 T16 位置，会对该时隙内数据形成干扰）。例如，开关 K402 设置为 $D_4D_3D_2D_1D_0$＝10101B＝21D，则话音插入在 T21 时隙。

T0～T31 复合成一个 2.048Mbps 的标准数据流，在同一信道上传输。图 2-2-2是 E1 复接模块工作原理框图。

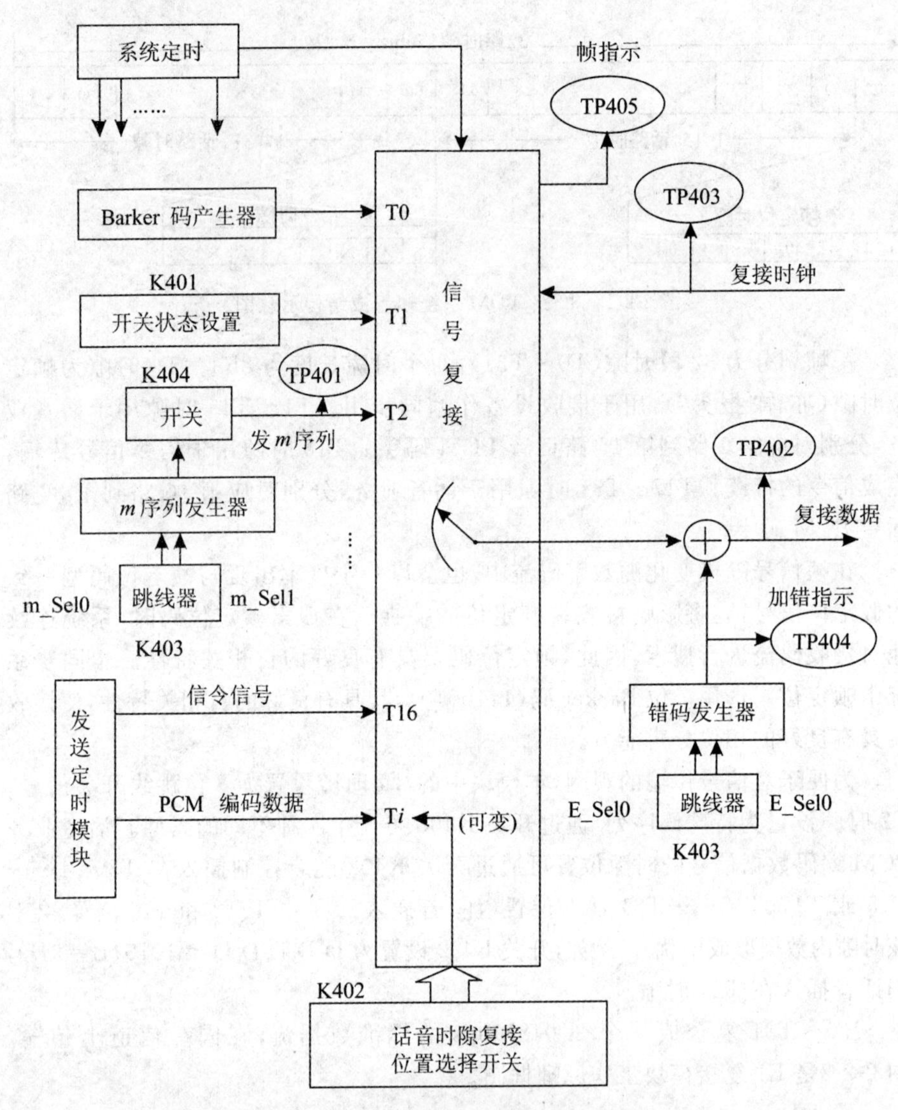

图 2-2-2　复接模块工作原理组成框图

复接工作过程:帧传输 E1 复接模块主要由 Barker 码产生、同步调整、复接、系统定时单元等组成。复接器定时系统提供统一的基准时间信号。同步调整单元的作用是把各输入支路数字信号进行必要的频率或相位调整,形成与内部定时信号完全同步的数字信号。复接单元完成时间复用,形成合路数字信号流。在 ZH5002 型光纤通信原理综合实验系统中,复接模块用一片现场可编程逻辑器件(CPGA)芯片(U401)来完成。U401 内部还构造了一个 *m* 序列发生器。为便于观测复接信号波形,通过跳线开关 K403(m_Sel0、m_Sel1)可以选择

4 种 m 序列码型，开关位置与输出 m 序列码型的对应关系如表 2-2-1 所示。

表 2-2-1 跳线器 K403 与产生输出数据信号

选 项	K403 设置状态			
m_Sel0	□ □	□—□	□ □	□—□
m_Sel1	□ □	□ □	□—□	□—□
m 序列	全 0 码	全 1 码	1110010 循环码	111100010011010 循环码

错码产生器可以通过跳线开关 K403(E_Sel0、E_Sel1)设置 4 种不同信道误码率。开关位置与对应的插入错码率如表 2-2-2 所示，以便于了解帧传输解复接器在误码环境下接收端帧同步的过程和抗误码性能。通过测量可知：在小误码时，能锁定；误码加大，无法同步时，可看到帧同步电路在扫描。

表 2-2-2 跳线器 K403 与插入错码信号

选 项	K403 设置状态			
E_Sel0	□ □	□—□	□ □	□—□
E_Sel1	□ □	□ □	□—□	□—□
错码率	无错码	2×10^{-3}	1.6×10^{-2}	1.3×10^{-1}

（二）TDM 帧解复接

帧传输 E1 解复接模块（亦称分接器）由同步、定时、分接和恢复单元组成，其工作原理框图如图 2-2-3 所示。

分接器的定时来自接收定时模块从接收信号中恢复的同步时钟。在同步单元的控制下，使分接器的基准时间与复接器的基准时间信号保持正确的相位关系，即保持同步。当未同步时，将给出失步告警指示 D609（红灯亮）。分接单元的作用是把合路的数字信号实施分离，形成同步的支路数字信号，然后再经过恢复单元恢复出原来支路的数字信号。

TDM 实验系统是对基群(E1)传输方式的一种很好的仿真，能让大家完整地学习和掌握帧传输复接的工作原理、关键技术、实现方法及性能。

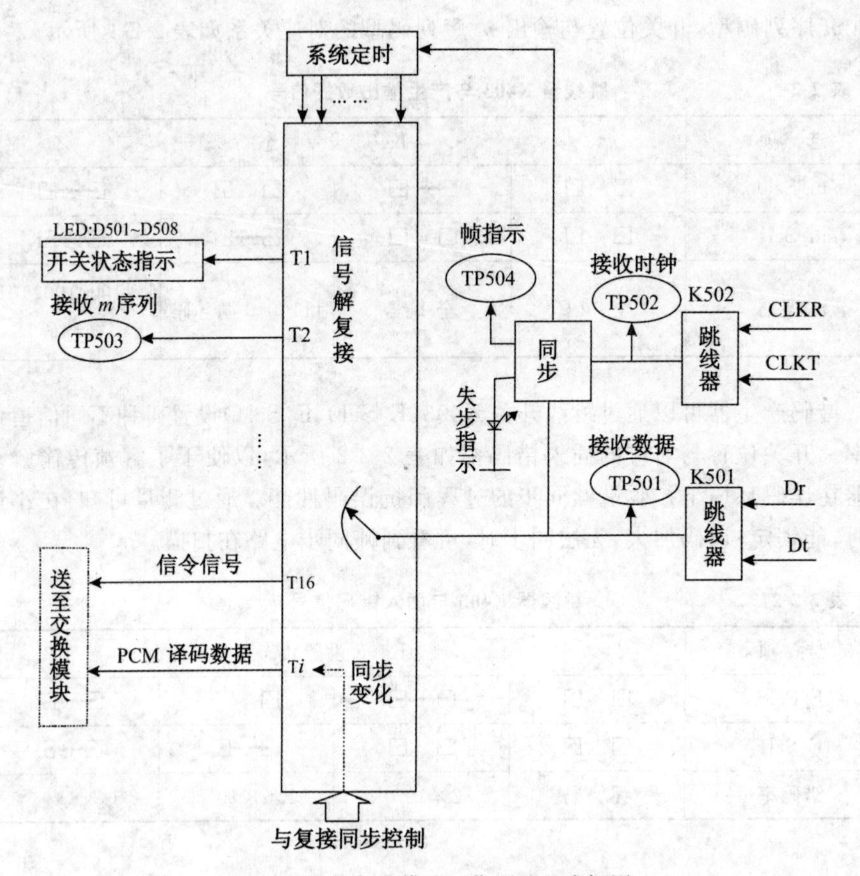

图 2-2-3　解复接模块工作原理组成框图

跳线器 K501 用于解复接模块输入数据信号选择。当 K501 置于 Dr(左端)时,为正常状态,输入数据来自电终端机的 HDB3 编译模块的接收数据;当 K501 置于 Dt(右端)时,解复接模块处于自环状态,输入数据直接来自发端复接模块的复接数据。

跳线器 K502 用于解复接模块输入时钟信号选择。当 K502 置于 CLKR(左端)时,处于正常状态,输入时钟来自接收定时模块恢复的同步时钟;当 K502 置于 CLKT(右端)时,输入时钟来自发时钟作同步时钟。

在 E1 复接模块中,电路安排了如下测试点:

TP401:发 m 序列。

TP402:复接数据。

TP403:复接时钟。

TP404:加错指示。

TP405:帧指示。

在 E1 解复接模块中，电路安排了如下测试点：

TP501：接收数据。

TP502：接收时钟。

TP503：输出 m 序列。

TP504：帧指示。

四、实验内容及步骤

准备工作：首先将解复接模块内的输入信号和时钟信号选择跳线开关 K501、K502 分别设置在 Dt 和 CLKT 位置(右端)，使复接模块和解复接模块构成自环测试状态；将复接模块内的工作状态选择跳线开关 K403 中的 m 序列选择跳线开关 m_Sel0、m_Sel1 拔下，使 m 序列发生器产生全 0 码，将加错码选择跳线开关 E_Sel0、E_Sel1 拔下，不在传输帧中插入误码。

(一)发送传输帧结构观测

用示波器同时观测复接模块帧指示测试点 TP405 与复接数据 TP402 的波形，观测时用 TP405 同步。掌握帧结构的观测方法，注意分析 E1 帧结构的时序关系，判断帧同步码、开关状态、PCM 编码等信号所在 E1 帧中的位置，画下 E1 帧复接信号一个周期的基本格式(见图 2-2-4)。

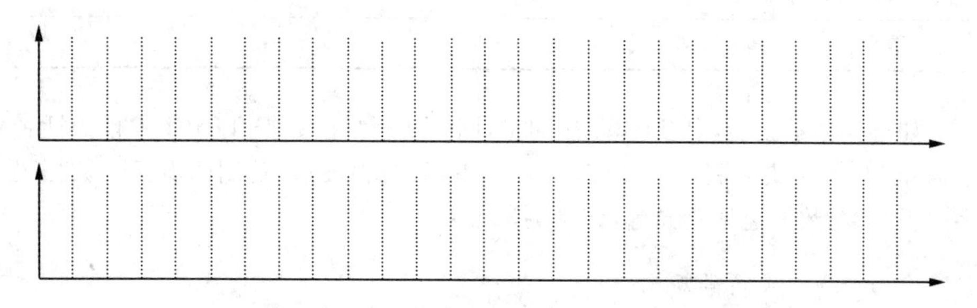

图 2-2-4　复接帧指示信号与复接帧结构的时序关系

(二)帧定位信号码格式测量

用示波器同时观测帧复接模块帧指示测试点 TP405 与复接数据 TP402 的波形，观测时用 TP405 同步。仔细调整示波器同步，找到并读出帧定位信号码格式，记录测试结果(见图 2-2-5)。

提示：帧定位信号码与帧同步信号的上升沿对齐。

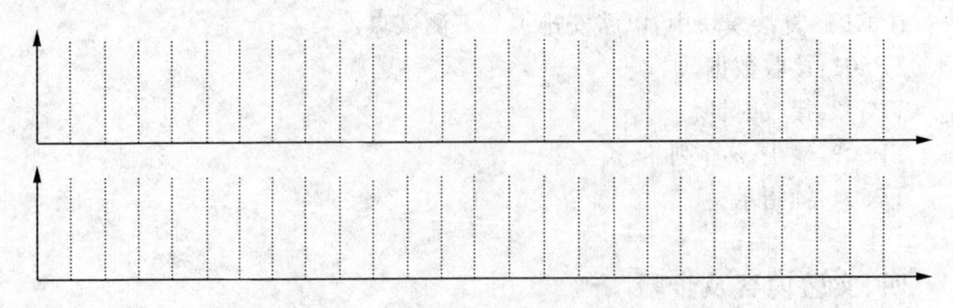

图 2-2-5　复接帧指示信号与帧定位信号波形对比

(三)帧内话音数据观测

用示波器同时观测帧复接模块帧指示测试点 TP405 与复接数据 TP402 的波形,观测时用 TP405 同步。仔细调整示波器同步,找出帧内话音数据。分析话音 PCM 编码数据所在时隙位置是否与开关 K402 中时隙选择开关设置一致。调整话音发送时隙选择开关的设置,重新寻找调整后的话音 PCM 编码数据所在时隙位置,将观测结果填入表 2-2-3 中。

表 2-2-3　　K402 时隙选择开关设置与话音时隙观测结果

K402 设置			
话音数据所在时隙			
数据特征			

如有存储示波器,以 TP405 作同步,同时观测复接数据 TP402 中帧内话音数据和 PCM 模块的测试点 TP302(话音编码数据)波形,观测两者话音数据码字是否一致、数据速率差异等,记录测试结果。

(四)帧内开关信号观测

用示波器同时观测帧复接模块帧指示测试点 TP405 与复接数据 TP402 的波形,观测时用 TP405 同步。仔细调整示波器同步,找到并读出帧内开关信号码格式。调整跳线开关 K401 上短路器,改变开关信号格式,观测帧内开关信号码格式是否随之完全一致变化,记录测试结果(见表 2-2-4)。

表 2-2-4　　K401 开关设置与 T1 时隙信号对比结果

K401 设置					
T1 时隙信号					

思考：当调整跳线开关 K401 中的设置位置为 11100100 码型时（与帧定位信号一致），系统会出现什么情况？

（五）帧内 m 序列数据观测

用示波器同时观测帧复接模块帧指示测试点 TP405 与复接数据 TP402 的波形，观测时用 TP405 同步。仔细调整示波器同步，调整复接模块内的工作状态选择跳线开关 K403 中的 m 序列选择跳线开关 m_Sel0、m_Sel1 状态，产生 4 种不同序列输出（见表 2-2-1），观测帧内 m 序列数据是否随之变化，记录测试结果（见表 2-2-5）。

表 2-2-5　K403 中 m 序列开关设置与 m 序列信号观测

K403 设置(m_0,m_1)	(0,0)	(1,0)	(0,1)	(1,1)
m 序列数据波形（T2 时隙信号）				

使用数字存储示波器测量，可分析具体帧和相邻帧 m 序列格式。

（六）帧内信令信号观测

用示波器同时观测帧复接模块帧指示测试点 TP405 与复接数据 TP402 的波形，观测时用 TP405 同步。仔细调整示波器同步，找到信令时隙，在话机摘机、挂机和拨号时观测信令信号时隙是否变化，记录测试结果（见表 2-2-6）。

表 2-2-6　话机状态与信令时隙信号观测

话机状态	挂机	摘机	拨号
信令数据波形（T16 时隙信号）			

提示：信令信号时隙与帧同步信号的下降沿对齐。

（七）解复接帧同步信号指示观测

用示波器同时观测帧复接模块帧指示测试点 TP405 与解复接模块帧同步指示测试点 TP504 波形，观测时用 TP405 同步。观测两信号之间是否完全同步，记录测试结果（见图 2-2-6）。

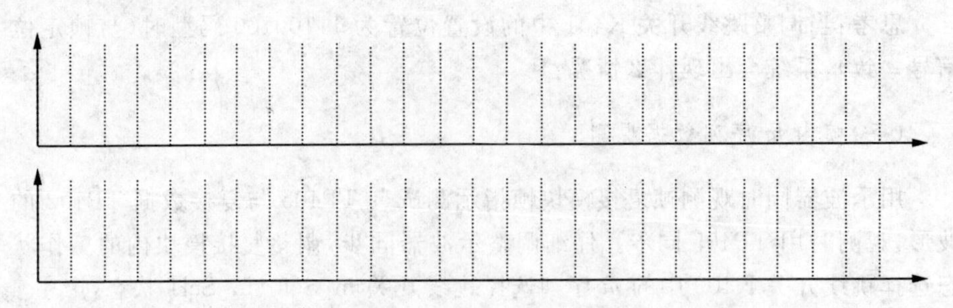

图 2-2-6　复接帧指示与解复接帧指示信号对比

（八）解复接开关信号输出指示观测

在解复接器同步时，观察解复接模块的开关信号指示发光二极管指示灯（D501～D508）。随意改变复接模块内跳线开关 K401 中短路器状态，观测接收端发光二极管指示灯（D501～D508）是否随之对应一致变化，记录测试结果（见表 2-2-7）。

表 2-2-7　　K401 开关设置与 LED 指示灯状态观测

观测结果为：

（九）解复接模块 m 序列数据输出测量

用示波器观测发端帧复接模块中 m 序列复接数据（TP401）与解复接模块中接收的 m 序列数据（TP503）波形，观测时用 TP401 同步。仔细调整示波器，观测解复接中输出 m 序列信号是否正确。测量经复接/解复接系统传输后的时延是多少。调整复接模块中的工作状态选择跳线开关 K403 中的 m 序列选择跳线开关 m_Sel0、m_Sel1 状态，产生 4 种不同序列输出，观测帧内 m 序列数据是否随之变化，记录测试结果（见表 2-2-8）。

表 2-2-8　　m 序列信号复接与解复接测试

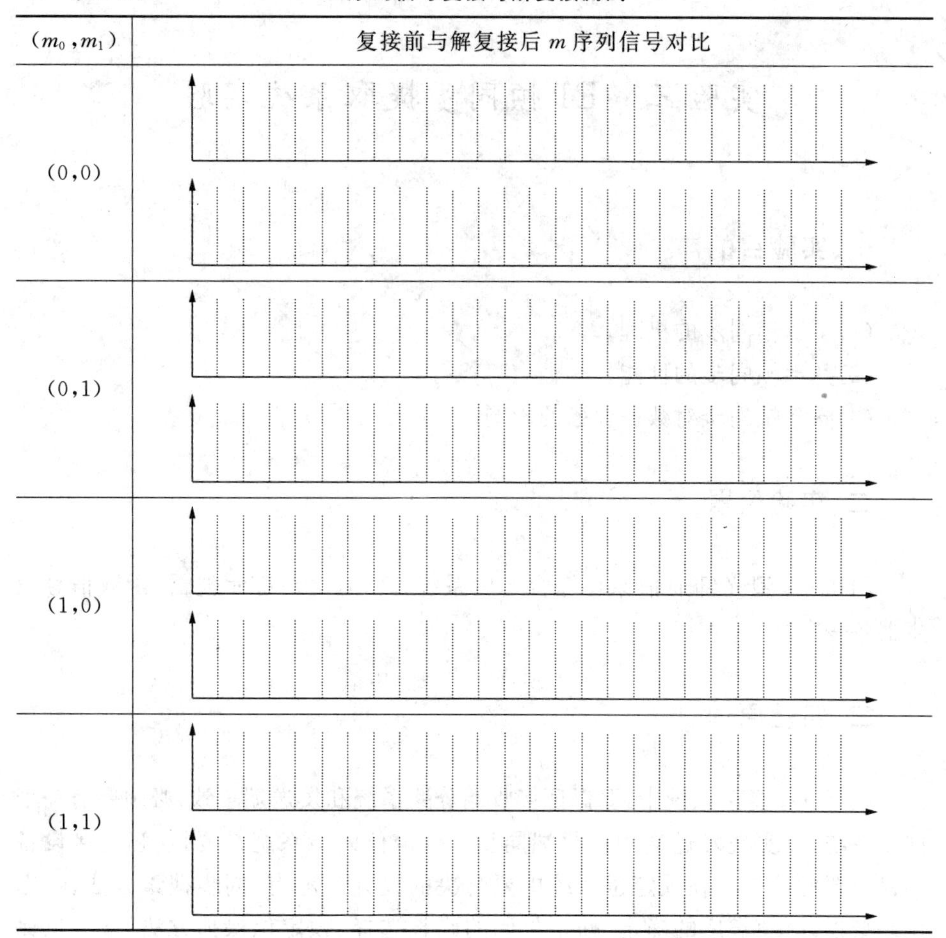

五、实验结果分析及处理

(1)分析帧的组成过程。

(2)根据测试结果,画出相关的波形。

(3)分析比较 PCM 编码数据时间长度与 E1 帧时隙是否一致。

实验三　E1帧同步提取系统实验

一、实验目的

(1)了解帧同步的机理。
(2)熟悉帧同步的性能。
(3)熟悉帧失步对数据业务的影响。

二、实验仪器

ZH5002型光纤通信原理综合实验系统、20MHz双踪示波器、函数信号发生器各一台。

三、实验原理

在TDM复接系统中，要保证接收端分路系统和发送端一致，必须要有一个同步系统，以实现发送端和接收端同步。帧定位同步系统是复接/解复接设备中最重要的部分。在帧定位系统中要解决的设计问题有：同步搜索方法、帧定位码型设计、帧长度的确定、帧定位码的码长选择、帧定位保护方法、帧定位保护参数的选择等等。这些设计完成后就确定了复接系统的下列技术性能：平均同步搜捕时间、平均发现帧时间、平均确认同步时间、平均发生失帧的时间间隔、平均同步持续时间、失帧引入的平均误码率等等。

通常，帧定位同步方法有两种：逐码移位同步搜索法和置位同步搜索法。ZH5002型光纤通信原理综合实验系统中的解复接同步搜索方法采用逐码移位同步搜索法。逐码移位同步搜索法的基本工作原理是调整收端本地帧定位码的相位，使之与收到的总码流中的帧定位码对准。同步后，用收端各分路定时脉冲就可以对接收到的码流进行正确地分路了。如果本地帧同步码的相位没有对准接收信号码流的帧定位码位，则检测电路将输出一个一定宽度的扣脉冲，将接收时钟扣除一个，这等效于将数据码流前移一位码元时间，使帧定位检测电路检测下一位信码。如果下一检测结果仍不一致，则再扣除一个时钟，此过程称为"同步搜索"。搜索直至检测到帧定位码为止。因接收码流除有帧定位码型外,随机的数字码流也可能存在与帧定位码完全相同的码型。因此,只有在同一位置,多次连续出现帧定位码型,方可算达到并进入同步。这一部分功能由帧定位检测电路内的校核电路完成。

无论多么可靠的同步电路,由于各种因素(如强干扰、短促线路故障等),总会破坏同步工作状态,使帧失步。从帧失步到重新获得同步的这段时间(亦称"同步时间"),通信将中断,误码也将会造成帧失步。因此,从同步到下一次失步的时间应尽量长一些,否则将不断地中断通信。这一时间的长短表示 TDM 同步系统的抗干扰能力。抗误码造成的帧失步主要由帧定位检测电路内的保护记数电路完成,只有当在一定的时间内在帧定位码位置多次检测不到帧定位码,才可判定为帧失步,需重新进入同步搜索状态。逐码移位同步搜索法系统组成框图如图 2-3-1 所示。

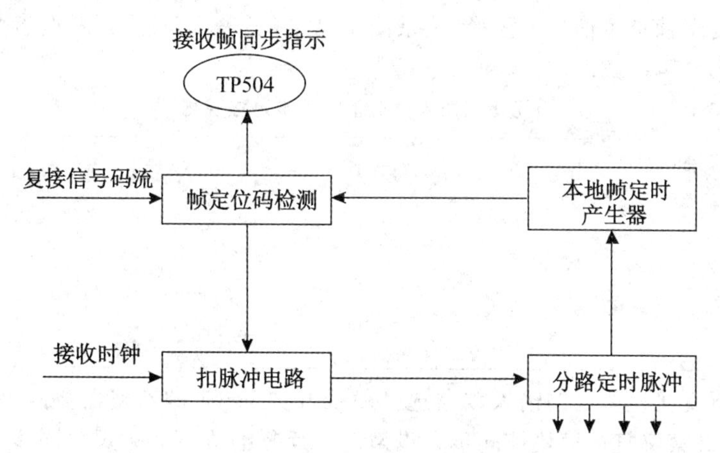

图 2-3-1 逐码移位同步搜索法系统组成框图

语音信号的中断时间短于 100ms,将不易被人耳分辨出来,但对某些数据终端传输却是不允许的。为能深入了解在有误码的环境下帧失步、同步和抗误码性能,在复接模块内专门设计了一个错码产生器(3 种类型误码)。通过设置工作状态选择跳线开关 K403 中的错码选择开关(E_Sel0、E_Sel1),可以在 E1 帧传输信道中插入不同数量级分布的错码(信道误码率分别为 2×10^{-3}、1.6×10^{-2}和 1.3×10^{-1})。使大家可以非常方便地观测到 E1 复接/解复接抗误码性能。在误码率较低时,接收端帧同步电路能正常锁定同步;逐步增加插入错码数量,使传输信道误码率增大,接收端帧同步电路将失步(帧失步),进入帧同步搜索(扫描)状态;另可测试不同误码和帧失步,对话音业务和观测对数据业务的影响。

四、实验内容及步骤

首先将解复接模块内的输入信号和时钟选择跳线开关 K501、K502 分别设置在 Dt 和 CLKT 位置(右端),使复接模块和解复接模块连接成自环测试状态。然后将复接模块内的工作状态选择跳线开关 K403 中的 m 序列选择跳线开关 m_Sel0、m_Sel1 拔下,使 m 序列发生器产生全 0 码,将加错码选择跳线开关 E_Sel0、E_Sel1 拔下,不在传输帧中插入误码。

(一)帧同步过程观测

用示波器同时观测复接模块帧指示测试点 TP405 与解复接模块帧指示测试点 TP504 波形。观测时用 TP405 同步,调整示波器使观测信号同步,观察复接与解复接帧指示信号的波形,记录测试结果(见表 2-3-1),判断两者是否同步以及波形是否一致。

表 2-3-1　　无错码插入情况下帧同步过程观测

观测结果:

将解复接模块内的输入数据选择跳线开关 K501 的断路器拔除,使传输信道中断,观察解复接模块帧同步失步情况。反复插拔 K501,观察同步和失步状态,记录测试结果(见表 2-3-2)。

表 2-3-2　　K501 闭合与断开对同步的影响观测

观测结果:

用示波器同时观测复接时钟 TP403 与解复接时钟 TP502 波形。观测时用 TP403 同步,调整示波器使观测信号同步,观察复接与解复接时钟信号的波形,记录测试结果(见图 2-3-2),判断两者是否同步。

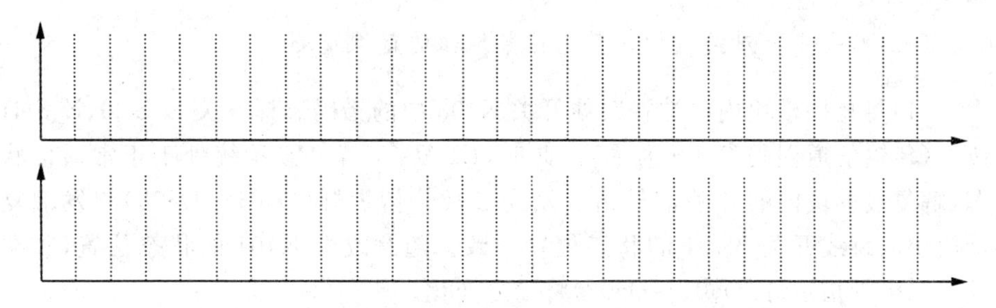

图 2-3-2　复接时钟与解复接时钟观测波形

思考：如果复接和解复接时钟不同步，会带来什么问题？

(二)误码环境下的帧同步性能测试

(1)用示波器同时观测复接模块帧指示测试点 TP405 与解复接模块帧指示测试点 TP504 波形。观测时用 TP405 同步，调整示波器使观测信号同步，记录测试结果(见表 2-3-3)。

表 2-3-3　不同误码率环境下帧同步性能测试

错码设置(E_Sel0、E_Sel1)	观测结果
(0,0) 无错码	
(1,0) 2×10^{-3}	
(0,1) 1.6×10^{-2}	
(1,1) 1.3×10^{-1}	

(2)将复接模块内的选择跳线开关 K403 中的错码选择开关 E_Sel0、E_Sel1 插入，使传输信道中加入错码，此时信道误码率 $Pe\approx1.3\times10^{-1}$。观测接收帧指示信号是否与发端同步，记录测试结果。

(3)将复接模块内的选择跳线开关 K403 中的错码选择开关 E_Sel0 拔除、E_Sel1插入，减小传输信道中误码率($Pe\approx1.6\times10^{-2}$)。观测接收帧指示信号是否与发端同步，记录测试结果。

(4)将复接模块内的选择跳线开关 K403 中的错码选择开关 E_Sel0 插入、E_Sel1拔除，进一步减小传输信道中误码率($Pe\approx2\times10^{-3}$)。观测接收帧指示信号是否与发端同步，记录测试结果。

思考：何为接收帧同步的搜索(扫描)过程？

（三）帧失步下对接收帧内数据信号传输的定性观测

（1）将复接模块内的选择跳线开关 K403 中的错码选择开关 E_Sel0、E_Sel1 拔下（传输信道误码率 Pe 为零）。此时，E1 复接/解复接系统处于正常通信状态，解复接模块内的开关信号指示发光二极管指示灯（D501～D508）与发端复接模块内跳线开关 K401 的状态位置一致。随意改变 K401 的状态位置，收端发光二极管指示灯（D501～D508）将随之变化。

（2）设置复接模块内的选择跳线开关 K403 中的错码选择开关（E_Sel0、E_Sel1），在 E1 帧传输信道中插入不同数量级分布的错码（信道误码率分别约为2×10^{-3}、1.6×10^{-2}和1.3×10^{-1}），改变传输信道误码率，定性观测解复接模块内的开关信号指示发光二极管指示灯（D501～D508）的变化状态，记录测试结果（见表 2-3-4）。

表 2-3-4　不同误码率环境下数据接收情况观测

错码设置（E_Sel0、E_Sel1）	观测结果
（0,0）无错码	
（1,1）1.3×10^{-1}	
（0,1）1.6×10^{-2}	
（1,0）2×10^{-3}	

五、实验结果分析及处理

（1）总结实验测试结果。

（2）将复接模块内开关信号跳线开关 K401 设置为 11100100 码型，对解复接模块可能会造成什么影响？

（3）从发光二极管指示灯（D501～D508）能定性地观测到误码和失步状态吗？

实验四 AMI/HDB3 终端接口实验

一、实验目的

(1)了解二进制单极性码变换为 AMI/HDB3 码的编码规则。
(2)熟悉 HDB3 码的基本特征。
(3)熟悉 HDB3 码的编译码器工作原理和实现方法。
(4)根据测量和分析结果,画出电路关键部位的波形。

二、实验仪器

ZH5002 型光纤通信原理综合实验系统、20MHz 双踪示波器、函数信号发生器各一台。

三、实验原理

AMI 码的全称是传号交替反转码,这是一种将消息代码 0(空号)和 1(传号)按如下规则进行编码的码:代码的 0 仍变换为传输码的 0,而把代码中的 1 交替地变换为传输码的+1 和-1。由于 AMI 码的传号交替反转,这种基带信号无直流成分,且只有很小的低频成分,因而它特别适宜在不允许这些成分通过的信道中传输。AMI 码除有上述特点外,还有编译码电路简单及便于观察误码情况等优点。但是 AMI 码有一个重要缺点,即接收端从该信号中来获取定时信息时,由于它可能出现长的连 0 串,因而会造成提取定时信号的困难。为了保持 AMI 码的优点而克服其缺点,人们提出了许多种改进的 AMI 码,HDB3 码就是其中有代表性的一种。HDB3 码的全称是三阶高密度双极性码,它的编码原理是:先把消息代码变换成 AMI 码,然后去检查 AMI 码的连 0 串情况,当没有 4 个以上连 0 串时,则此时的 AMI 码就是 HDB3 码;当出现 4 个以上连 0 串时,则将每 4 个连 0 小段的第 4 个 0 变换成与其前一非 0 符号(+1 或-1)同极性的符号。显然,这样做可能破坏“极性交替反转”的规律,这个符号就称为“破坏符号”,用 V 符号表示(即+1 记为+V,-1 记为-V)。为使附加V符号后的序列不破坏“极性交替反转”造成的无直流特性，还必须保证相邻V符号也应极性交替。这一点，当相邻符号之间有奇数个非0符号时，是能得到保证的；当有偶数个非0符号时，就得不到保证了，这时再将该小段的第1个0变换成+B或-B符号的极性与前一非0符号的相反，并让后面的非0符号从V符号开始再交替变化。HDB3码的译码比较简单。从上述原理看出，每一个破坏符号V总是与前一非0符号同极性(包括B在内)。从收到的符号序列中可以容易地找到破坏点V，于是也断定V符号及其前面的3个符号必是连0符号，从而恢复4个连0码，再将所有-1变成+1后便得到原消息代码。

HDB3码的特点是明显的，它除了保持AMI码的优点外，还增加了使连0串减少到最多3个的优点，避免了长连0时定时不易恢复同步的情况，这对定时信号的恢复是十分有利的。但传输中出现单个误码时会在接收端译码产生一个以上的误码，即误码扩散。HDB3码的平均误码扩散系数为1.2～1.7，有时高达2(这取决于译码方案)。

AMI/HDB3频谱示意图如图2-4-1所示。

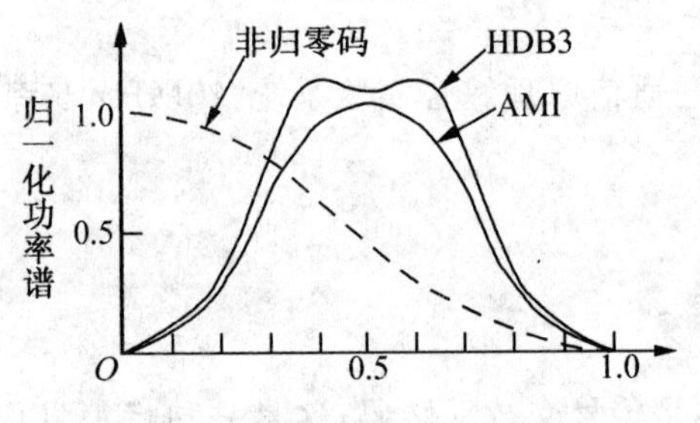

图2-4-1　AMI/HDB3频谱示意图

HDB3码编码原理方框图如图2-4-2所示。HDB3码编码器主要由四连0检测及补1码电路、破坏点形成电路、取代节选择电路和单/双极性变换电路组成。HDB3码流为归零码(RZ)。

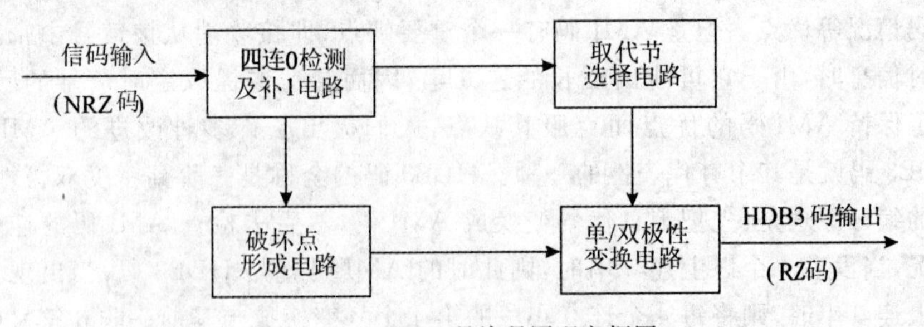

图2-4-2　HDB3码编码原理方框图

HDB3码译码原理方框图如图2-4-3所示。HDB3码译码器主要由单/双极性变换电路、判断电路、破坏点检测电路和去除取代节电路组成。此外，位定时恢复电路也十分重要。

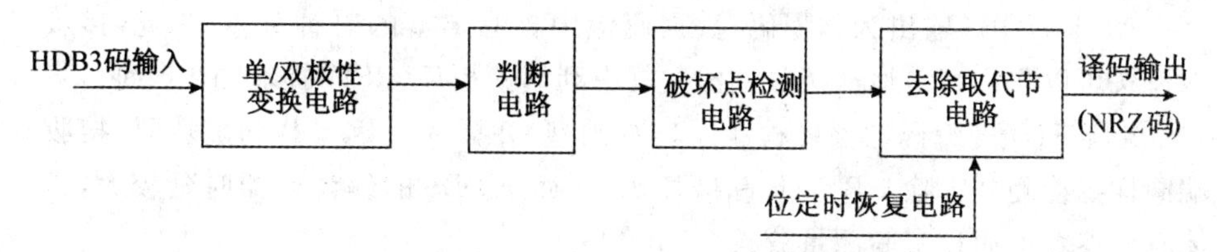

图 2-4-3　HDB3 码译码原理方框图

实验设备的 AMI/HDB3 码编、译码系统组成原理框图如图 2-4-4 所示。CD22103 专用芯片（U601）实现 AMI/HDB3 的编译码。AMI 和 HDB3 工作方式由跳线开关 K602 选择。来自 E1 复接模块的发送数据码流（TP601：TTL）进入 U601 的脚 1，在脚 2 输入时钟信号（TP602：TTL）的推动下进入 U601 的编码单元，编码之后的结果在 U601 的脚 14（TP603）、脚 15（TP604）差动输出，并通过线路送往光端机的数据输入端口 U701 的脚 11、13。在光终端机进行译码（U701）转换为 TTL 信号电平输出（TP707），送往后续处理电路。运算放大器（U602A）将 AMI/HDB3 输出的两路差动信号转换为一路双极性码信号进行观测。

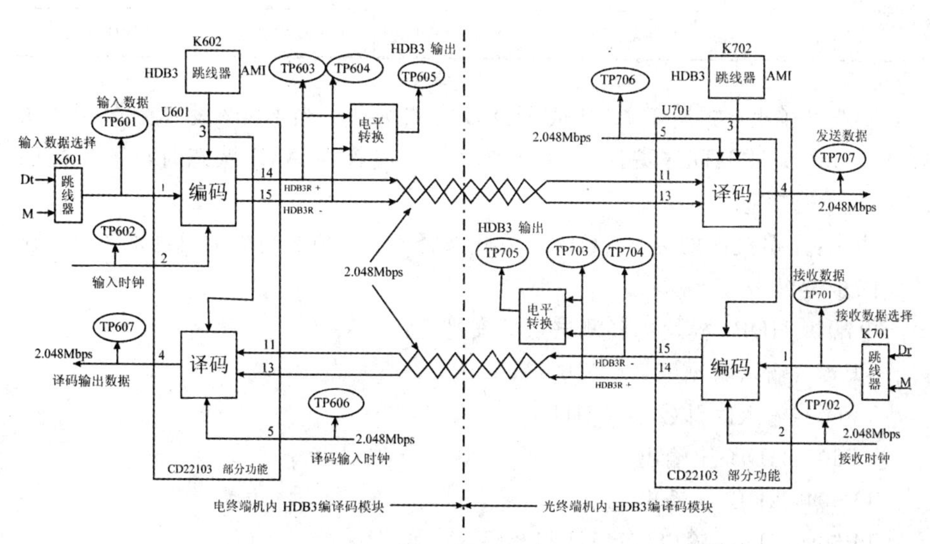

图 2-4-4　AMI/HDB3 码编、译码组成原理框图

同样，光端机接收到的数据码流送往电终端机也采用 HDB3 接口码。在光端机内的 HDB3 模块首先将接收数据在 U701 进行编码，编码后的 HDB3 信号通过 U701 的脚 14（TP703）、15（TP704）差动输出，并通过线路送往电终端机的

数据输入端口(U601 的脚 11、13),在译码输入时钟(TP606:TTL)的推动下进入译码器译码,译码输出数据经脚 4(TP607)输出。

AMI/HDB3 输出为归零码,数据码流中含有丰富的时钟分量,因此,接收端设备可以非常容易地从接收到的数据中利用锁相环(PPL)提取同步时钟。

由于 HDB3 编码器需要检测 4 连零码型,并插入+B、-B 和破坏码,接收端同样要检测并去除+B、-B 和破坏码,因而 HDB3 的编译码器时延较大,具体时延参数可通过实验测量获得。

电端机内"HDB3 编译码"模块跳线开关 K601 用于输入编码信号选择。当 K601 设置在 Dt 位置,输入信号来自 E1 复接模块的复接信号(2.048Mbps);当 K601 设置在 m 位置,输入信号来自本地的特殊测试码序列,该测试码序列受跳线开关 K603 中的 Hm_Sel0、Hm_Sel1 控制,跳线器状态与输出的测试序列如表 2-4-1 所示。

表 2-4-1　　跳线器 K603 与产生输出数据信号

选　项	K603 设置状态			
Hm_Sel0	□ □	□—□	□ □	□—□
Hm_Sel1	□ □	□ □	□—□	□—□
输出序列	10000000	11000000	00000000	11000100

跳线开关 K602 用于 AMI 或 HDB3 方式选择。当 K602 设置在 HDB3 状态时,U601 提供 HDB3 编译码功能;当 K602 设置在 AMI 状态时,U601 提供 AMI 编译码功能。

注意:光端机内的 AMI/HDB3 方式选择开关 K702 与电端机内的 K602 开关应同步设置。

电端机 HDB3 模块内各测试点的安排为:

TP601:输入数据(2.048Mbps)。

TP602:输入时钟(2.048MHz)。

TP603:HDB3+输出。

TP604:HDB3-输出。

TP605:HDB3 输出(双极性归 0 码)。

TP606:译码输入时钟(2.048MHz)。

TP607:译码输出数据(2.048Mbps)。

光端机 HDB3 模块内各测试点的安排为:

TP701:接收数据(2.048Mbps)。

TP702:接收时钟(2.048MHz)。

TP703:HDB3+输出。

TP704:HDB3-输出。

TP705:HDB3 输出(双极性归 0 码)。

TP706:发送时钟(2.048MHz)。

TP707:发送数据(2.048Mbps)。

四、实验内容及步骤

(一)AMI 码编码规则验证

准备工作:将输入信号选择开关 K601 设置在 m 位置,AMI/HDB3 编码开关 K602、K702 设置在 AMI 位置,使电路模块工作于 AMI 码方式。

(1)将电端机内 HDB3 编译码的测试序列选择开关 K603 的 Hm_Sel0、Hm_Sel1 拔下,产生 10000000 测试序列。用示波器同时观测输入数据 TP601 和 AMI 输出双极性编码数据 TP605 的波形,观测时用 TP601 同步。分析观测输入数据与输出数据是否满足 AMI 编码关系,画下一个序列周期的测试波形(见图 2-4-5)。

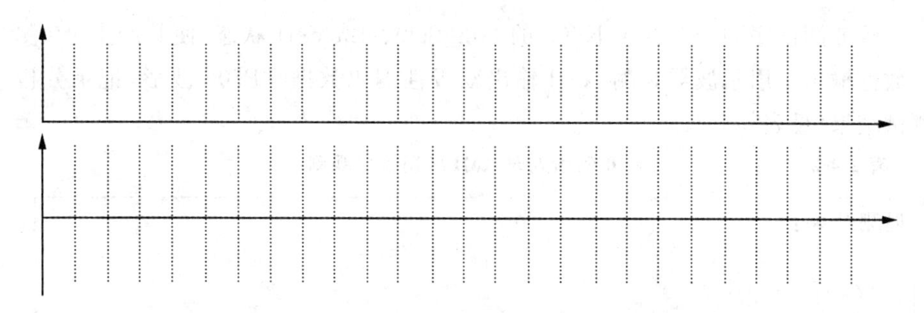

图 2-4-5　10000000 测试序列的 AMI 编码波形

(2)改变测试序列选择开关 K603 的 Hm_Sel0、Hm_Sel1 状态,使其产生 11000000 和 11000100 的 m 序列循环码,重复上述步骤,记录测试波形(见图 2-4-6)。

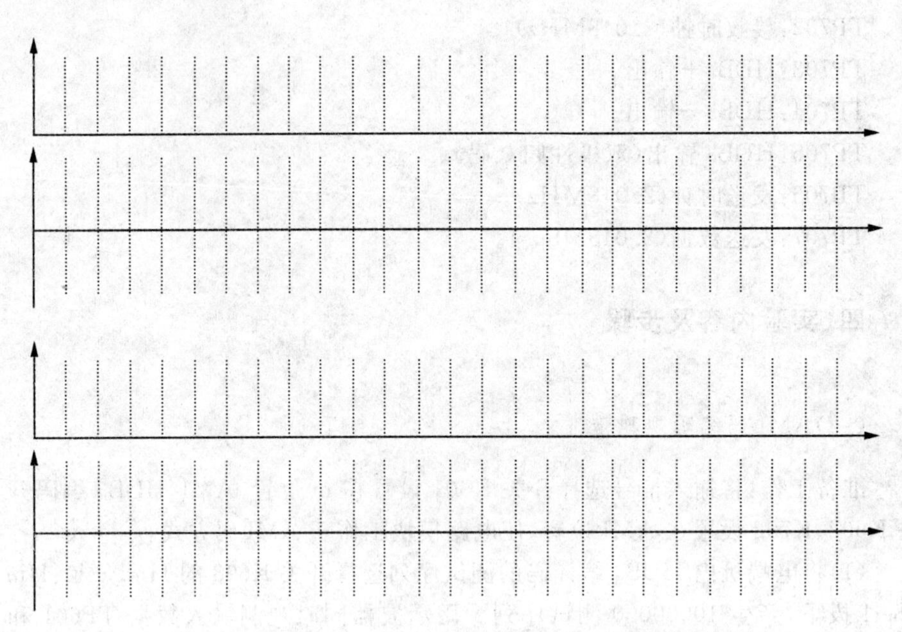

图 2-4-6　11000000 和 11000100 测试序列的 AMI 编码波形

(二)全 0 码输入时的 AMI 编码输出信号观测

改变测试序列选择开关 K603 的 Hm_Sel0、Hm_Sel1 状态,使其产生全0 测试数据输出。用示波器观测 AMI 输出双极性编码数据 TP605 波形,记录分析测试结果(见表 2-4-2)。

表 2-4-2　　　　全 0 码输入时 AMI 编码输出观测

观测结果:

思考:实际中出现具有长连 0 码格式的数据,在 AMI 传输译码系统中会带来什么问题,如何解决?

为什么在实际传输系统中使用 HDB3 码?

(三)全 1 码输入时的 AMI 编码输出信号观测

将输入数据选择开关 K601 拔除,将示波器探头从 TP601 测试点移去,使输入数据端口悬空，产生全 1 码。用示波器观测 AMI 输出双极性编码数据 TP605 波形，分析测试结果(见图 2-4-7)。

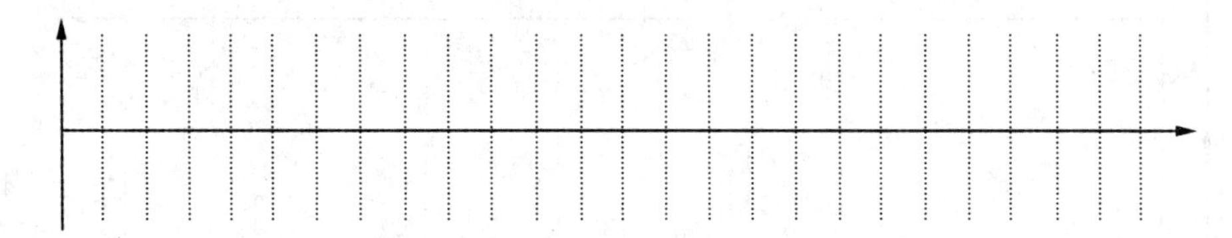

图 2-4-7　全 1 码输入时 AMI 编码输出波形

(四)AMI 码编码、译码及时延测量

准备工作：将输入信号选择开关 K601 设置在 m 位置，设置测试序列选择开关 K603 的 Hm_Sel0、Hm_Sel1，使其产生 11000100 循环码。

(1)编码时延：用示波器同时观测输入数据 TP601 和 AMI 输出双极性编码数据 TP605 的波形，观测时用 TP601 同步。观察 AMI 编码输出数据是否正确，画下测试波形(见图 2-4-8)。那么，此时 AMI 编码的数据时延是多少？

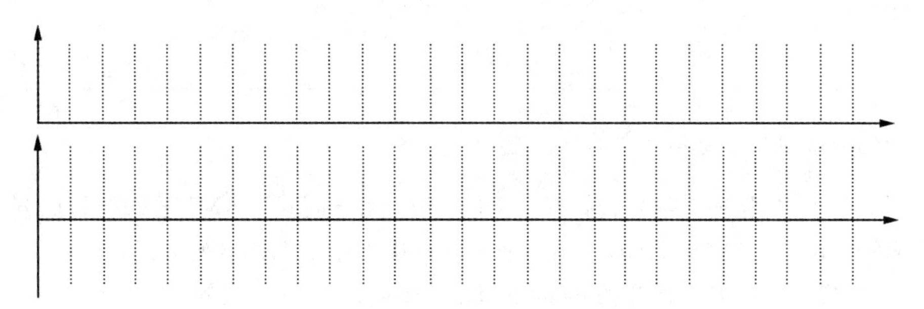

图 2-4-8　11000100 循环码的 AMI 编码输出波形及时延

(2)译码时延：用示波器同时观测 AMI 译码输入数据 TP605 和译码输出数据 TP707 的波形，观测时用 TP605 同步。分析 AMI 译码输出数据是否正确，画下测试波形(见图 2-4-9)。那么，此时 AMI 译码的数据时延是多少？经 AMI 编、译码器的总时延是多少？

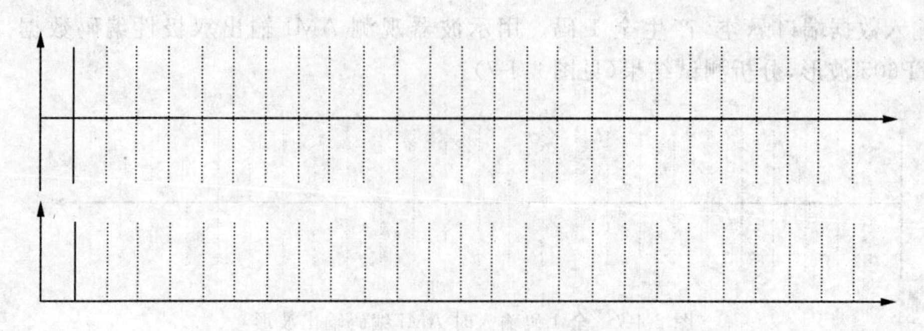

图 2-4-9　译码输入数据与译码输出数据波形及时延

把观测结果记入表 2-4-3 中。

表 2-4-3　　AMI 编码与译码时延观测

观测结果：

（五）HDB3 码变换规则验证

准备工作：将输入信号选择开关 K601 设置在 m 位置，AMI/HDB3 编码开关 K602、K702 设置在 HDB3 位置，使电路模块工作于 HDB3 码方式。

（1）将测试序列选择开关 K603 的 Hm_Sel0、Hm_Sel1 拔下，产生 10000000 测试序列。用示波器同时观测输入数据 TP601 和 HDB3 输出双极性编码数据 TP605 的波形，观测时用 TP601 同步。分析观测输入数据与输出数据是否满足 HDB3 编码关系，画下一个序列周期的测试波形（见图 2-4-10）。

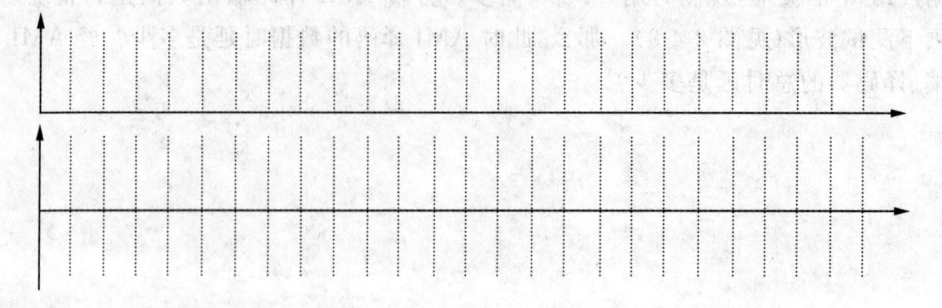

图 2-4-10　10000000 测试序列的 HDB3 编码波形

(2)改变测试序列选择开关 K603 的 Hm_Sel0、Hm_Sel1 状态,使其产生 11000000 和 11000100 的 m 序列循环码,重复上述步骤,记录测试波形(见图 2-4-11)。

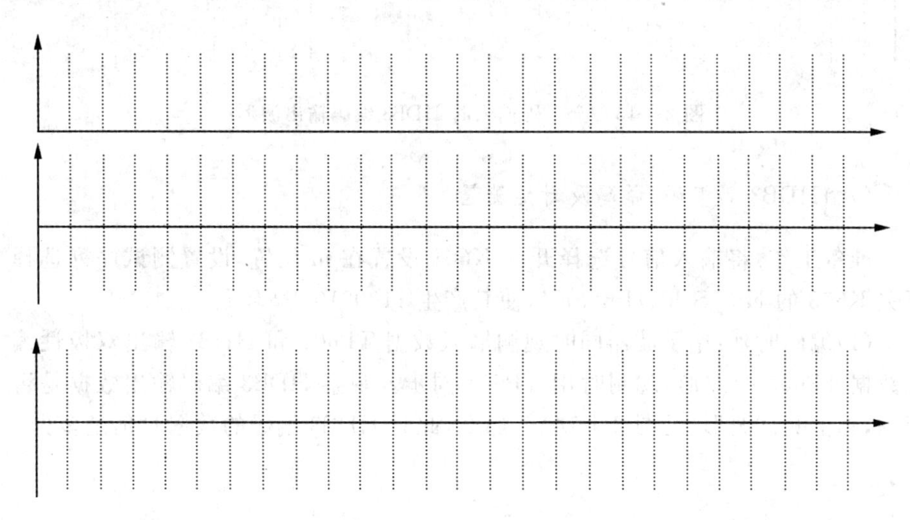

图 2-4-11　11000000 和 11000100 测试序列的 HDB3 编码波形

(六)全 0 码输入时的 HDB3 编码输出信号观测

改变测试序列选择开关 K603 的 Hm_Sel0、Hm_Sel1 状态,使其产生全0 测试数据输出。用示波器观测 HDB3 输出双极性编码数据 TP605 波形,记录分析测试结果(见图 2-4-12)。

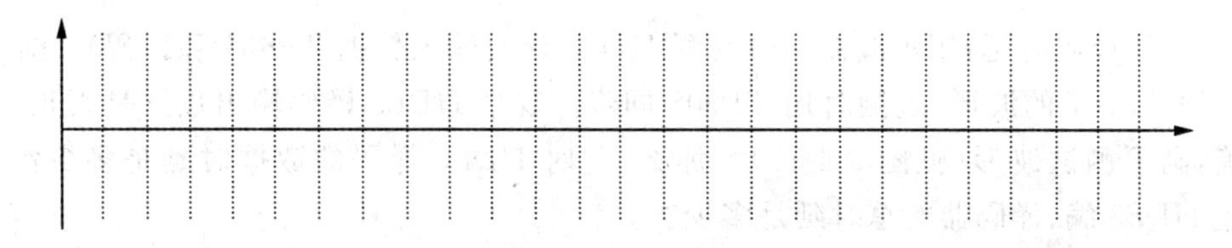

图 2-4-12　全 0 码输入时 HDB3 编码输出波形

(七)全 1 码输入时的 HDB3 编码输出信号观测

将 K601 跳线开关拔下,使输入端悬空,产生全 1 码输入数据。用示波器观测 HDB3 输出双极性编码数据 TP605 波形,记录分析测试结果(见图 2-4-13)。

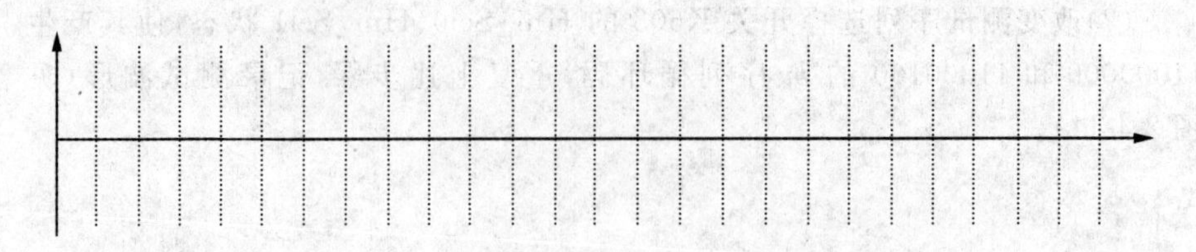

图 2-4-13　全 1 码输入时 HDB3 编码输出波形

（八）HDB3 码编码、译码及时延测量

准备工作：将输入信号选择开关 K601 设置在 m 位置，设置测试序列选择开关 K603 的 Hm_Sel0、Hm_Sel1，使其产生 11000100 循环码。

（1）编码时延：用示波器同时观测输入数据 TP601 和 HDB3 输出双极性编码数据 TP605 的波形，观测时用 TP601 同步。观察 HDB3 编码输出数据是否正确，画下测试波形（见图 2-4-14）。那么，此时 HDB3 编码的数据时延是多少？

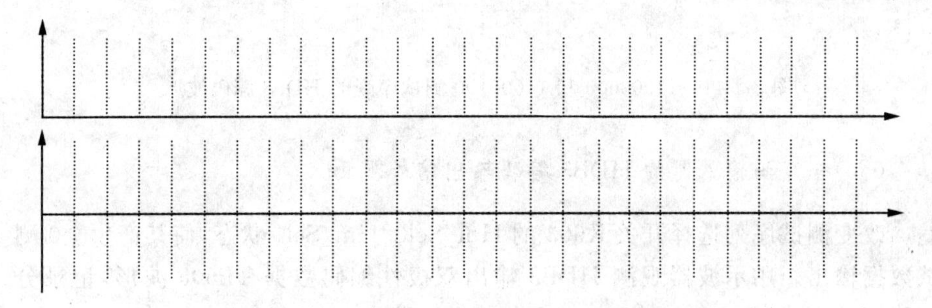

图 2-4-14　11000100 循环码的 HDB3 编码输出波形及时延

（2）译码时延：用示波器同时观测 HDB3 译码输入数据 TP605 和译码输出数据 TP707 的波形，观测时用 TP605 同步。观察 HDB3 译码输出数据是否正确，画下测试波形（见图 2-4-15）。那么，此时 HDB3 译码的数据时延是多少？经 HDB3 编、译码器的总时延是多少？

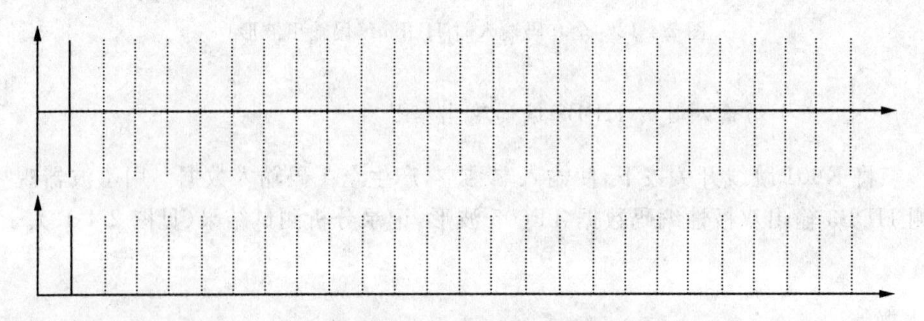

图 2-4-15　译码输入数据与译码输出数据波形及时延

把观测结果记入表 2-4-4 中。

表 2-4-4 HDB3 编码与译码时延观测

观测结果：

五、实验结果分析及处理

(1)根据实验结果画出主要测量点波形。

(2)根据测量结果,分析 AMI 码和 HDB3 码接收时钟提取电路受输入数据影响的关系。

(3)总结 HDB3 码的信号特征。

实验五　加扰码实验

一、实验目的

(1)扰码的基本原理。

(2)扰码 0 状态的消除。

二、实验仪器

ZH5002 型光纤通信原理综合实验系统、20MHz 双踪示波器各一台。

三、实验原理

在数字通信中,如果数据信息连 0 码或连 1 码过长,将会影响接收端位定时恢复质量,造成抽样判决时刻发生变化,对系统误码率产生影响。也就是说,数字通信系统的性能变化与数据源的统计特性有关。采用有冗余的传输编码可消除数据源一部分信息模式对系统性能的影响,但这是以增加传输符号速率为代价的。在实际中,常使用扰码器将数据源变换成近似于白噪声的数据序列(增加定时的同步信息),消除信息模式对系统误码的影响。

在通信中扰码技术的采用保证了对信息的透明性:在发端加入扰码后,在接收端可以从加扰的码流中恢复出原始的数据流,而对输入信息的模式无特殊要求。常用扰码器的实现可采用 m 序列进行。

扰码器是在发端使用移位寄存器产生 m 序列,然后将信息序列与 m 序列作模二加,其输出即为加扰的随机序列。一般扰码器的结构如图 2-5-1 所示。

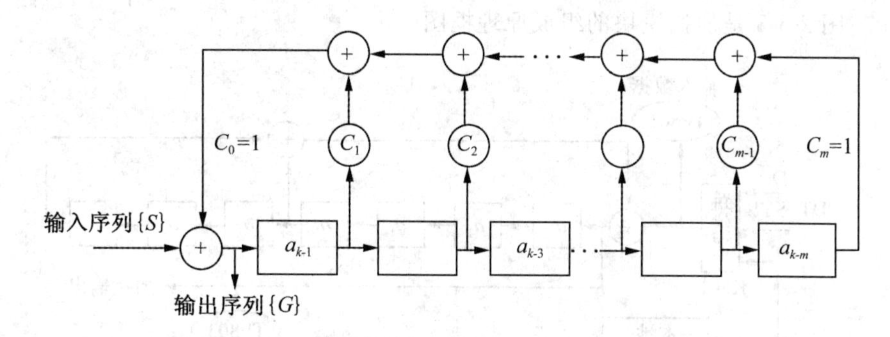

图 2-5-1 扰码器组成结构图

解扰器(也称“去扰器”)是在接收机端使用相同的扰码序列与收到的被扰信息进行模二加,将原信息得到恢复,其结构如图 2-5-2 所示。

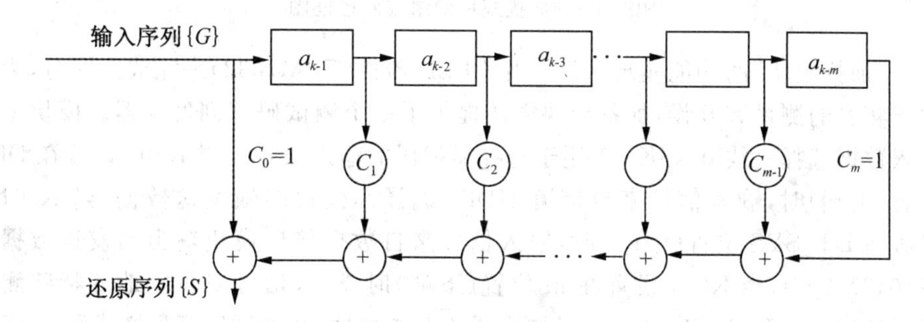

图 2-5-2 解扰器组成结构图

本设备的 m 序列本征多项式 $G(x)=x^7+x^4+1$。在实际光纤通信设备中,为避免 m 序列发生器处于“闭锁”状态,即当输入序列为全 0 码时,移位寄存器各级的起始状态也恰好是 0,使输出序列也变成全 0,或当输入序列为全 1 码时,移位寄存器各级的起始状态也恰好是 1,使输出序列也变成全 1。因此,在扰码器中加入各级移位寄存器状态监视电路。当发生特殊状态时,能自动补入一个 1 或 0 码,改变这种状态。当然,在解扰码器电路中也应通过电路扣除这个补入码。

应该指出,采用扰码技术会带来误码扩散。即在信道传输中出现一个误码时,在还原后的序列中会出现多个误码,使信道误码率增加。在误码率不高时,误码扩散数近似扰码器所对应的模二加算式的项数。因此,为减少误码扩散,应尽量减少 m 序列产生器的反馈抽头数。

图 2-5-3 是加扰模块的组成原理框图。

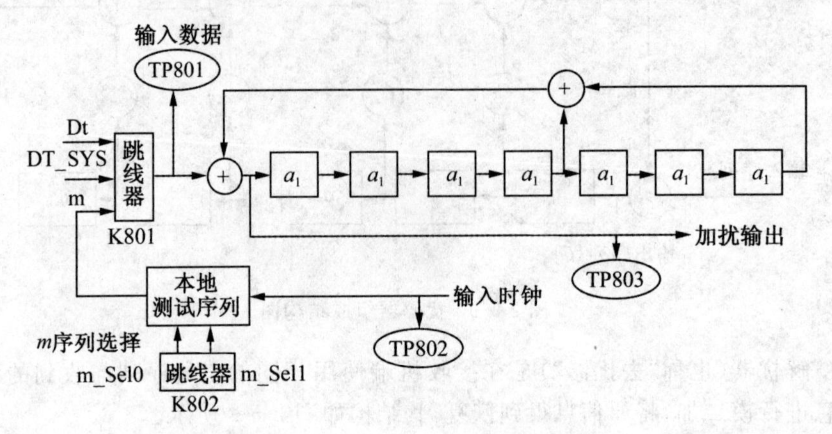

图 2-5-3　加扰模块的组成原理框图

“加扰模块”的功能实现采用一片 CPLD 器件(EPM7032)来完成。同时,为便于实验的测量和开设,加扰模块中还提供了一个测试码序列发生器。模块中输入数据选择跳线开关 K801 用于选择需扰码的输入信号。当 K801 设置在 Dt 位置(上端)时,输入信号来自信道 HDB3 编译码模块的帧发送数据;当 K801 设置在 DT_SYS 位置(中间)时,输入信号来自数据接口模块输出的发送数据(2.048Mbps);当 K801 设置在 m 位置(下端)时,输入信号来自本地的特殊测试码序列。该测试码序列用于对加扰器的性能测量,其测试码序列格式受 *m* 序列选择跳线开关 K802 的 m_Sel0、m_Sel1 控制,跳线器状态与输出的测试码序列如表 2-5-1 所示。

表 2-5-1　　跳线器 K802 设置与 *m* 序列输出信号

选　项	K802 设置状态			
Hm_Sel0	□ □	□—□	□ □	□—□
Hm_Sel1	□ □	□ □	□—□	□—□
输出序列	全 1 码	0/1 码	00/11 码	1110010

图 2-5-4 是解扰模块的组成原理框图。解扰模块的功能实现同样采用一片 CPLD 器件(EPM7032)来完成。模块中输入数据选择开关 K803 用于选择需解扰码的输入信号。当 K803 设置在 CMI 位置(上端)时,输入信号来自 CMI 译码模块的输出数据(2.048Mbps);当 K803 设置在 5B6B 位置(中间)时,输入信号来自 5B6B 译码模块的输出数据(2.048Mbps);当 K803 设置在 DT 位置(下端)时,输入信号直接来自发端的扰码模块的输出数据(2.048Mbps),此时电路

模块构成自环工作方式。输入时钟选择开关 K804 用于选择解扰电路的工作时钟。当解扰电路的输入数据来自 CMI 译码模块或 5B6B 译码模块时，K804 应设置在 CLKR 位置(左端)，该时钟与 CMI 和 5B6B 译码模块送来的数据同步；当构成自环测试时，K804 应设置在 CLKT 位置(右端)，该时钟来自发送端电路(自环测试)。

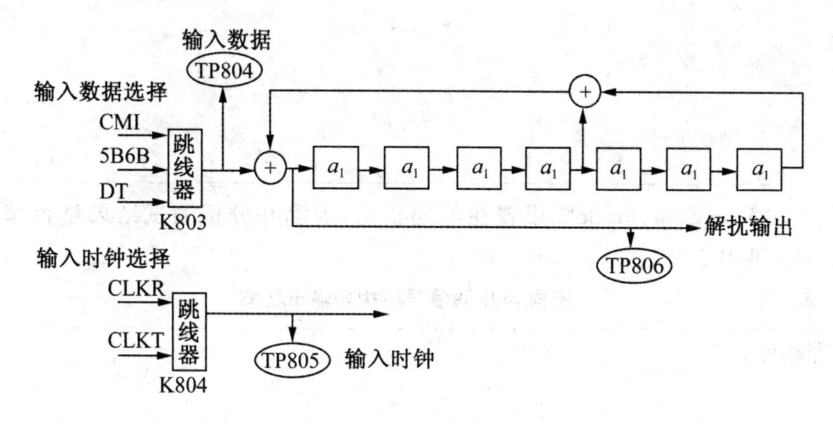

图 2-5-4　解扰模块的组成原理框图

"加扰模块"内各测试点的安排如下：

TP801：输入数据(2.048Mbps)。

TP802：输入时钟(2.048MHz)。

TP803：加扰输出(2.048Mbps)。

"解扰模块"内各测试点的安排如下：

TP804：输入数据(2.048Mbps)。

TP805：输入时钟(2.048MHz)。

TP806：解扰输出(2.048Mbps)。

四、实验内容及步骤

(一)扰码序列测试

准备工作：将加扰模块中输入数据选择跳线开关 K801 设置在 m 位置(下端)，使输入信号来自本地的特殊测试码序列；将 m 序列选择跳线开关 K802 中的 m_Sel0、m_Sel1 拔掉，产生全 1 码数据输出。

(1)用示波器同时测量输入数据和加扰数据测试点 TP801、TP803 的波形，测量时 TP803 点信号作示波器同步触发信号。调整合适的示波器时基(10μs/

DIV)和触发电平，使在示波器上观测到稳定的周期波形。用时基乘 10 倍(或乘 5)扩展挡展开波形，把观测结果记入表 2-5-2 中。

表 2-5-2　　输入为全 1 码时扰码输出观测

观测结果：

(2)将 m_Sel0、m_Sel1 设置在不同状态，观测并分析测试结果是否满足扰码关系(见表 2-5-3)。

表 2-5-3　　不同 *m* 序列信号的扰码输出观测

观测结果：

(二)0 状态现象观测

将输入数据选择跳线开关 K801 拔下，使输入数据为 0。关机后再开机，观测加扰输出的 TP803 点信号，分析出现“闭锁”的原因，以及如何消除这种“闭锁”状态(见表 2-5-4)。

表 2-5-4　　输入为全 0 码时的闭锁现象观测

观测结果及分析：

(三)解扰数据测试

准备工作：将解扰模块中输入数据选择跳线开关 K803 设置在 DT 位置(下端)，输入信号直接来自发端的加扰模块输出的发送数据(2.048Mbps)，此时加扰模块和解扰模块构成自环工作方式;将输入时钟选择跳线开关 K804 设置在 CLKT 位置(右端),该时钟来自发送端电路。

(1)用示波器同时测量加扰模块输入数据 TP801 和解扰模块解扰输出数据 TP806 的波形,测量时 TP801 点信号作示波器同步触发信号。将 m_Sel0、m_Sel1设置在不同状态,观测加扰和解扰电路是否正常工作(见图 2-5-5)。

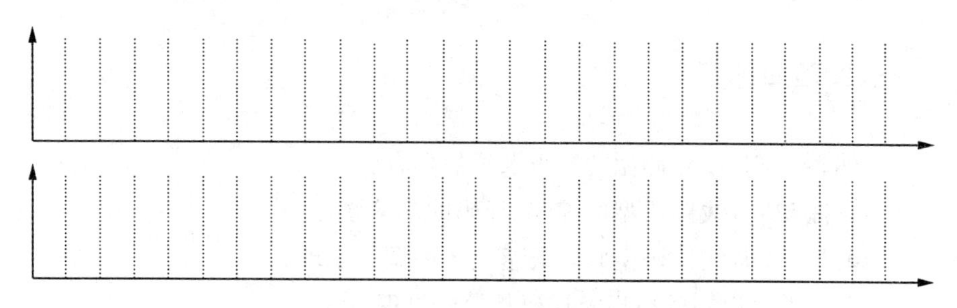

图 2-5-5 信号加扰前与解扰后波形对比

(2)通过 5B6B 编译码模块重复上述实验,设置由大家根据电路框图自己考虑解决。

五、实验结果分析及处理

(1)根据实验结果,画出主要测量点波形。

(2)根据测量结果分析扰码器在全 1 码输入时的均衡特性(平衡性)。

(3)设计一个消除 0 状态的电路。

(4)分析、总结扰码器的作用及特性。

实验六　5B6B码型变换实验

一、实验目的

(1)熟悉5B6B线路码型的特点及适用场合。

(2)掌握5B6B线路码型的编码、译码的基本原理。

(3)熟悉5B6B线路码型收端码组同步的调整原理。

(4)了解误码识别的原理及误码扩散的机理。

二、实验仪器

ZH5002型光纤通信原理综合实验系统、20MHz双踪示波器(最好使用数字存储示波器)、ZH9001型误码测试仪各一台。

三、实验原理

5B6B线路码型是国际电报电话咨询委员会(CCITT)推荐的一种国际通用光纤通信线路码型,也是光纤数字传输系统中最常用的线路码型。5B6B线路码型的主要优点是:码率提高不多,便于在不中断业务情况下进行误码监测;码型变换电路简单,是我国及世界各国四次、五次群光纤数字传输系统最常采用的一种码型。在采用5B6B线路码型的光纤通信系统中,发端的5B6B编码器将要传输的二进制数字信号码流变换为5B6B编码格式的信号码流;收端的5B6B译码器,将接收到的5B6B线路码型信号还原成原二进制数字信号。通常,编、译码器由码型变换电路、时序控制电路、码组同步电路以及误码监测电路等几部分组成。

(一)5B6B码型编码器

1.编码规则及码表选择

5B6B线路码型编码是将二进制数据流每5bit划分为一个字组,然后在相同时间段内按一个确定的规律编码为6bit码组，代替原5bit码组输出。原5bit二进制码组共有2^5种不同组合，而6bit二进制码组共有2^6种不同组合。其中，6bit码组的64种组合中码组数字和d值分布情况是：

$d=0$ 的码组有 $C_6^3=20$ 个

$d=\pm 2$ 的码组有 $C_6^2+C_6^4=30$ 个

$d=\pm 4$ 的码组有 $C_6^1+C_6^5=12$ 个

$d=\pm 6$ 的码组有 $C_6^0+C_6^6=2$ 个

选择6bit码组的原则是使线路码型的功率谱密度中无直流分量，最大相同码元连码和小，定时信息丰富，编码器、译码器和判决电路简单且造价低廉等等。据此原则选择6bit码组的方法为：

$d=\pm 4$、$d=\pm 6$ 的6bit码组舍去(共14种)，作为禁止码组(或称“禁字”)处理。

$d=0$、$d=\pm 2$ 的六位码组都有取舍，并且取两种编码模式：一种模式是 $d=0$、$+2$，称“模式Ⅰ”；一种模式是 $d=0$、-2，称“模式Ⅱ”。

当采用模式Ⅰ编码时，遇到 $d=+2$ 的码组后，后面编码就自动转换到模式Ⅱ，在模式Ⅰ编码中遇到 $d=-2$ 的码组时编码，又自动转到模式Ⅰ。

把上述码组进行编码能产生多种5B6B编码表。一般常用的编码表是5B6B-1、5B6B-2、5B6B-3、5B6B-4、5B6B-5和5B6B-6六种(见表2-6-1至表2-6-3)。

表2-6-1　　5B6B-1和5B6B-2编码表

序号	输入二元码组(5bit)	输出二元码组(6bit)			
		5B6B-1(00)		5B6B-2(01)	
		模式Ⅰ	模式Ⅱ	模式Ⅰ	模式Ⅱ
0	00000	000111	000111	010111	101000
1	00001	011100	011100	100111	011000
2	00010	110001	110001	011011	100100
3	00011	101001	101001	000111	000111
4	00100	011010	011010	101011	010100
5	00101	010011	010011	001011	001011
6	00110	101100	101100	001101	001101
7	00111	111001	000110	001110	001110

续表

序号	输入二元码组(5bit)	输出二元码组(6bit)			
		5B6B-1(00)		5B6B-2(01)	
		模式Ⅰ	模式Ⅱ	模式Ⅰ	模式Ⅱ
8	01000	100110	100110	110011	001100
9	01001	010101	010101	010011	010011
10	01010	010111	101000	010101	010101
11	01011	100111	011000	010110	010110
12	01100	101011	010100	011001	011001
13	01101	011110	100001	011010	011010
14	01110	101110	010001	011100	011100
15	01111	110100	110100	101101	010010
16	10000	001011	001011	011101	100010
17	10001	011101	100010	100011	100011
18	10010	011011	100100	100101	100101
19	10011	110101	001010	100110	100110
20	10100	110110	001001	101001	101001
21	10101	111010	000101	101010	101010
22	10110	101010	101010	101100	101100
23	10111	011001	011001	110101	001010
24	11000	101101	010010	110001	110001
25	11001	001101	001101	110010	110010
26	11010	110010	110010	110100	110100
27	11011	010110	010110	111001	000110
28	11100	100101	100101	111000	111000
29	11101	100011	100011	101110	010001
30	11110	001110	001110	110110	001001
31	11111	111000	111000	111010	000101

表 2-6-2 5B6B-3 和 5B6B-4 编码表

序号	输入二元码组(5bit)	输出二元码组(6bit)			
		5B6B-3(10)		5B6B-4(11)	
		模式Ⅰ	模式Ⅱ	模式Ⅰ	模式Ⅱ
0	00000	101011	010100	100010	101011
1	00001	011100	011100	101010	101010
2	00010	110001	110001	101001	101001
3	00011	101001	101001	101000	111000
4	00100	011010	011010	110010	110010
5	00101	010011	010011	001010	111010
6	00110	101100	101100	001011	001011
7	00111	111001	000110	011010	011010
8	01000	100110	100110	100110	100110
9	01001	010101	010101	100100	101110
10	01010	010111	101000	101100	101100
11	01011	100111	011000	110100	110100
12	01100	110011	000111	000110	110110
13	01101	011110	100001	001110	001110
14	01110	101110	010001	010110	010110
15	01111	110100	110100	010100	011110
16	10000	001011	001011	100011	100011
17	10001	011101	100010	000101	110101
18	10010	011011	100100	001001	111001
19	10011	111000	001100	001101	001101
20	10100	110110	001001	010001	110011
21	10101	111010	000101	010101	010101
22	10110	101010	101010	110001	110001
23	10111	011001	011001	011000	011101
24	11000	101101	010010	100001	100111

续表

序号	输入二元码组(5bit)	输出二元码组(6bit)			
		5B6B-3(10)		5B6B-4(11)	
		模式Ⅰ	模式Ⅱ	模式Ⅰ	模式Ⅱ
25	11001	001101	001101	100101	100101
26	11010	110010	110010	011001	011001
27	11011	010110	010110	001100	101101
28	11100	100101	100101	010011	010011
29	11101	100011	100011	000111	010111
30	11110	001110	001110	010010	011011
31	11111	110101	001010	011100	011100

表 2-6-3　**5B6B-5 和 5B6B-6 编码表**

序号	输入二元码组(5bit)	输出二元码组(6bit)			
		5B6B-5		5B6B-6	
		模式Ⅰ	模式Ⅱ	模式Ⅰ	模式Ⅱ
0	00000	110010	110010	110101	100010
1	00001	110011	100001	100111	000011
2	00010	110110	100010	101101	000101
3	00011	100011	100011	001111	000111
4	00100	110101	100100	011011	001001
5	00101	100101	100101	001011	001011
6	00110	100110	100110	001101	001101
7	00111	100111	000111	001110	001110
8	01000	101011	101000	010111	010001
9	01001	101001	101001	010011	010011
10	01010	101010	101010	010101	010101
11	01011	001011	001011	010110	010110
12	01100	101100	101100	011001	011001
13	01101	101101	000101	011010	011010

续表

序号	输入二元码组(5bit)	输出二元码组(6bit)			
		5B6B-5		5B6B-6	
		模式Ⅰ	模式Ⅱ	模式Ⅰ	模式Ⅱ
14	01110	101110	000110	011100	011100
15	01111	001110	001110	011110	000110
16	10000	110001	110001	111001	100001
17	10001	111001	010001	100011	100011
18	10010	111010	010010	100101	100101
19	10011	010011	010011	100110	100110
20	10100	110100	110100	101001	101001
21	10101	010101	010101	101010	101010
22	10110	010110	010110	101100	101100
23	10111	010111	010100	101110	101000
24	11000	111000	011000	110001	110001
25	11001	011001	011001	110010	110010
26	11010	011010	011010	110100	110100
27	11011	011011	001010	110110	100100
28	11100	011100	011100	111000	110000
29	11101	011101	001001	111010	010010
30	11110	011110	001100	111100	011000
31	11111	001101	001101	011101	001010

5B6B线路码型的主要缺点是：有误码扩散，即当传输线路码中发生一个误码后，在译码变换为原信源码时会产生几个误码，使平均误码劣化，其可视为对接收灵敏度造成一定的功率损失。选择编码表的另一根据就是要求误码扩展系数尽可能小，用 mBnB 码型误码扩展系数粗略估算其平均值为 $m/(2\sim3)$，最大的误码扩展小于或等于 m。表2-6-4是六种5B6B线路码型编码表的误码扩散情况。

表 2-6-4　　六种 5B6B 线路码型编码表的误码扩散情况

编码表	平均误码扩散系数	最大误码扩散
5B6B-1	2.40	4
5B6B-2	2.18	4
5B6B-3	2.37	4
5B6B-4	1.41	3
5B6B-5	1.28	3
5B6B-6	1.46	4

2. 编码器电路

5B6B 编码器电路主要由信号输入电路、码型变换电路、时序控制电路和输出电路组成。编码器电路原理组成框图如图 2-6-1 所示。

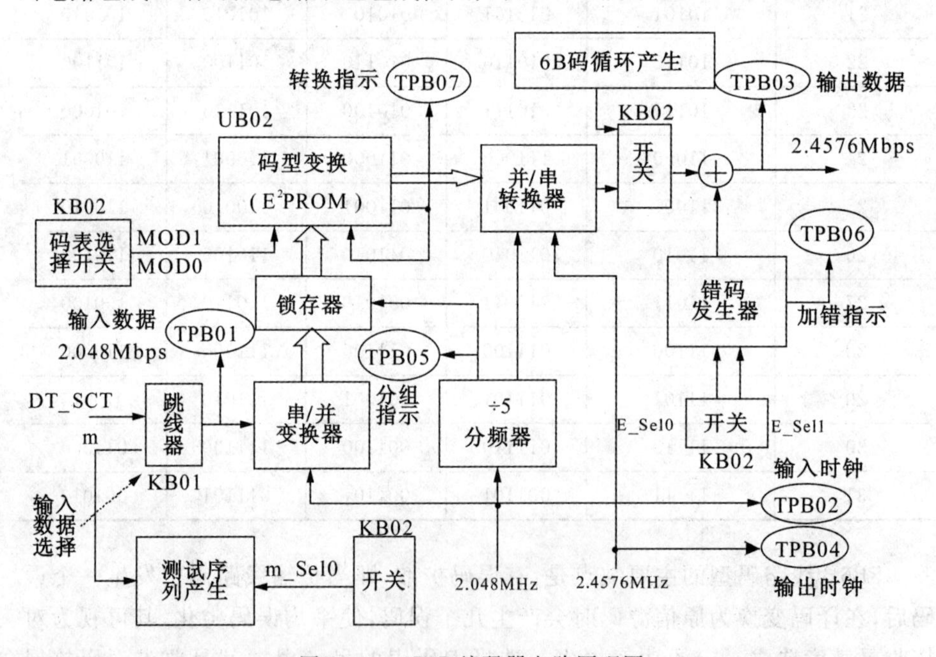

图 2-6-1　5B6B 编码器电路原理图

编码器电路工作原理如下：

输入信号选择开关：开关 KB01 用于选择不同的输入数据。当 KB01 设置在 DT_SCR 位置（左端），则输入信号来自加扰模块的扰码输出数据码流；当 KB01 设置在 m 位置，则输入信号来自本模块的测试序列产生器输出的各种测试数据码流。输出数据送入后续的串/并变换器电路。

输入串/并变换器：由五位移位寄存器组成，实现串/并变换。其功能是将来自外部（扰码器模块或本地的 *m* 序列）的 2.048Mbps 二进制串行发送数据码流，变换为五位并行信号输出，完成数据码流的分组。五位并行信号并行进入锁存器，输出进入发端码型变换电路。2.048MHz 的时钟信号来自发时钟模块单元，通过÷5 分频器产生 409.6kHz 时钟用于对串/并变换器转换输出数据的锁存，该信号同时控制输出时钟在发端码型变换电路中对编码输出数据的同步读取，并作为编码分组指示输出，供测量使用。

发端码型变换电路：码型变换电路是编、译码器的核心，在时序控制电路的控制下实现 5B 与 6B 码型间的变换。在电路实现上码型变换可以采用多种方法，如码表存储法、组合逻辑法、缓冲存储法等。本实验箱使用码表存储法，其过程是将要变换的 6bit 码型的码表事先写入可编程只读存储器 UB02 中，将待变换的 5bit 码型作为存储器的读出地址（$A_0 \sim A_4$），这样即可以由存储器读出要变换的码型，实现 5B6B 编码。

这里应说明的是，在实际工程中，码表在系统设计中只采用一种，但为在本实验设备上获得实验效果，只读存储器上编程有 5B6B-1、5B6B-2、5B6B-3 和 5B6B-4 四种码表。采用哪一种码表由选择开关 KB02 中的码表模式选择跳线开关确定，具体如表 2-6-5 所示（“0”表示跳线开关拔下、“1”表示跳线开关插入）。

表 2-6-5　　码表选择

Mode1　Mode0	00	01	10	11
模　式	5B6B-1	5B6B-2	5B6B-3	5B6B-4

在每种码表中分别都有模式Ⅰ和模式Ⅱ，根据码表内容实现模式间转换。在存储器中前六位（D0～D5）写入应变换的 6 位码组，而最后一位（D7）写入此码组 *d* 值的标志：若 $d=0$，则 D7＝1；若 $d=\pm 2$，则 D7＝0。用此标志反馈送入存储器的读出地址 A_5 端，完成两种模式间的转换。

输出并/串变换电路：由六位移位寄存器组成，实现并/串变换。在时钟的控制下最后得到码率为 2.4576Mbps 的串行 5B6B 线路码型数据流，该数据信号进入光发送模块。

测试序列发生器：该模块用于完成教学实验的辅助测量。通过跳线开关可以输出特殊码型的数据序列信号，共验证或观测 5B6B 的编码规则。输出数据序列受选择开关 KB02 中的 m-Sel1 开关控制，其设置如表 2-6-6 所示。

表 2-6-6　输出数据序列选择

状　态	m-Sel1	
	0	1
输出序列	0/1 码	2^4-1 PN 码

错码信号发生器：该模块用于完成教学实验的辅助测量。通过跳线开关可以控制插入不同数量的错码，实现不同量级的错码率。利用插入错码可以验证或观测 5B6B 线路码的误码检测功能，测量在使用不同码表时的误码扩散性能等。错码插入设置如表 2-6-7 所示。

表 2-6-7　插入错码设置选择

E_Sel1　E_Sel0	00	01	10	11
插入错码率	0	2×10^{-3}	1.6×10^{-2}	1.3×10^{-1}

5B6B 编码模块各测试点定义：

TPB01：输入数据（速率：2.048Mbps；波形：非归零）。

TPB02：输入时钟（频率：2.048MHz；方波）。

TPB03：输出数据（线路码型：5B6B；速率：2.4576Mbps；波形：非归零）。

TPB04：输出时钟（频率：2.4576MHz；方波）。

TPB05：分组指示。

TPB06：加错指示。

TPB07：转换指示。

（二）5B6B 码型译码器

1. 译码表

从编码器的工作原理中，我们容易理解 5B6B 线路码型的译码原则：将收到的 6bit 码组按原编码表还原为 5bit 码组，然后经并/串变换输出为原二进制数字码流。正常的译码表参见对应的编码表。这里有两个问题需要解决：①接收译码端如何像发送端一样，按 6bit 的编码分组进行时序上的同步；②由于经传输等原因会产生误码，因而在收端会出现原编码表中未选用的六位码组（这种未选用的六位码组称为“禁字”），那么，出现“禁字”的码组应以什么样的 5bit 码组数据输出。

“禁字”在译码器中的译码表选择应以误码增值最小为原则。表 2-6-8 和表 2-6-9 分别给出了 5B6B-3 编码表和 5B6B-5 编码表的一组“禁字”还原码表。

表 2-6-8　　5B6B-3 码表的一组"禁字"还原码表

序号	禁　字	还原码	序号	禁　字	还原码
0	111011	00100	8	000010	11001
1	101111	01010	9	110111	01110
2	000100	10011	10	011111	10011
3	010000	01000	11	001000	11011
4	111100	00111	12	100000	11000
5	110000	11011	13	001111	11100
6	000011	11101	14	111110	10101
7	111101	11111	15	000001	10100

表 2-6-9　　5B6B-5 码表的一组"禁字"还原码表

序号	禁　字	还原码	序号	禁　字	还原码
0	000000	00011	9	000001	00000
1	100000	10000	10	111101	10110
2	010000	01011	11	000011	00001
3	110000	11000	12	111011	11100
4	001000	01110	13	110111	10001
5	000100	00011	14	001111	00111
6	111100	11110	15	101111	10100
7	000010	01001	16	011111	01111
8	111110	11111	17	111111	11100

2. 译码器电路原理

5B6B 译码器电路主要由信号输入电路、码型变换电路、时序控制电路、误码识别电路、误码计数器和输出电路组成。译码器电路原理组成框图如图2-6-2所示。

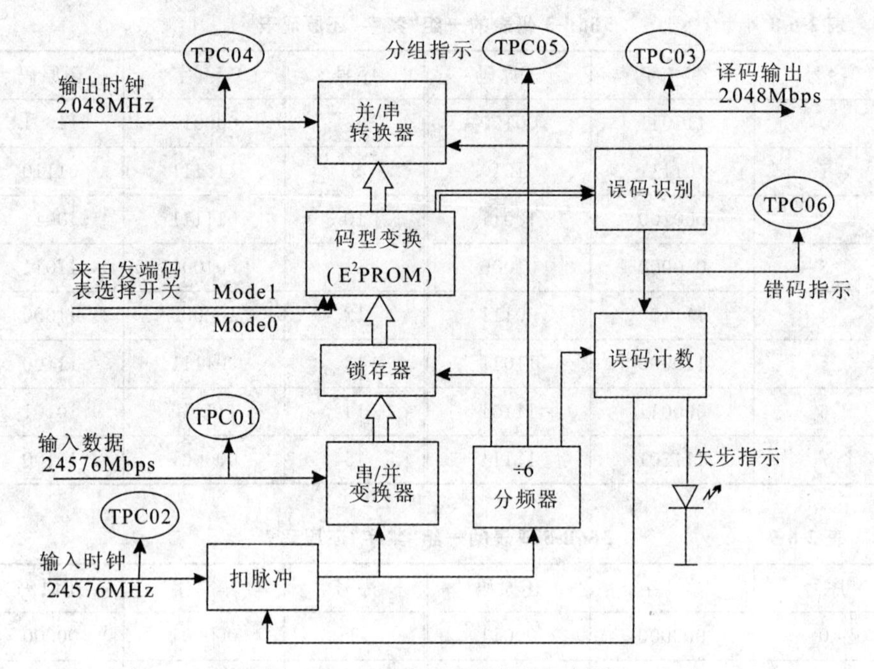

图 2-6-2　5B6B 译码器电路原理图

译码器电路工作原理如下：

输入串/并变换器：由六位移位寄存器组成，实现串/并变换。其功能是将来自外部的码率为 2.4576Mbps 的 5B6B 线路码型的数字信号经串/并联变换电路，变换为六位并行数据信号输出，然后六位并行信号并行进入锁存器，输出进入收端码型变换电路。2.4576MHz 的时钟信号来自收时钟模块单元，通过 ÷6 分频器产生 409.6kHz 时钟用于对串/并变换器转换输出数据的锁存，该信号同时控制输出时钟在收端码型变换电路中对译码输出数据的同步读取，并作为编码"分组指示"输出，供测量使用。

收端码型变换电路：码型变换电路是编、译码器的核心，在时序控制电路的控制下实现 6B 与 5B 码型间的变换。在电路实现上码型变换仍采用码表存储法，其过程是将要变换的 5bit 码型的码表事先写入可编程存储器 UC02 中，将待变换的 6bit 码型作为存储器的读出地址（$A_0 \sim A_5$），这样即可以由六为码组从存储器读出要变换的五位对应码组的内容，然后经并/串变换电路转换为串行二进制数据流，实现 5B6B 译码工作。

同样需说明的是，只读存储器上编程有 5B6B-1、5B6B-2、5B6B-3 和 5B6B-4 四种码表。采用哪一种码表受发端 5B6B 编码模块中的码表模式选择跳线开关 KB02 同步控制确定。

码组同步电路：该电路的功能是实现收发端线路码型之间的码组同步，即使在收端对线路码进行六位码组的分组与发端编码器输出的编码分组相一致，实现编、译码器字同步。当编译码器未同步时，将有大量误码出现，无法实现正确译码。

本实验系统采用误码检测同步法进行码组同步。它的原理是利用检测编码规律来确定误码的发生，若误码数超过规定值，则认为没有实现码组同步，然后通过同步调整电路将码组划分界线后移一个码元，重新判别误码，一直到误码在允许范围内，则认为已经建立同步，不再移动划分码组的分界线。为了避免将由于某种原因引起的偶然误码误认为是码组失步而进行同步捕捉，以致造成系统工作的不稳定性，通常对5B6B线路码型的码组失步问题作出下述规定：为避免误报警失步，在连续的315个码组中，若发现累积码组错误多于15个时，认为码组失步。因此，码组同步电路主要由误码识别、误码计数和同步调整三部分电路组成。

误码识别电路：该电路对线路误码监测，可以在不中断业务的情况下对运行着的系统进行检测。误码识别的机理是依据禁止码组的出现及检验模式转换规律的异常来判断误码的产生。在收端码型变换电路的只读存储器中的输出数据D5、D6中写有表示“禁字”和模式Ⅰ/模式Ⅱ的符号，一旦出现了“禁字”，即肯定出现误码；同样，当发现$d=+2$码组经译码后没有转换到模式Ⅱ，或当发现$d=-2$码组译码后未能转换到模式Ⅰ，同样也认为发生了误码。有误码时将在测试点TPC06给出一个误码标志脉冲，这个脉冲信号送入误码计数器进行计数。

误码计数电路：根据规定，当连续315个码组中部有15个码元或15个以上码组出现误码时，认定码组失步。在这部分电路中设计有两组计数器，一个是÷315计数器，计数脉冲来自于分组指示信号；另一个是÷15计数器，计数脉冲来自误码识别电路输出的误码标志。

若在315个码组计数周期中，误码少于15个时，则÷315计数输出进位脉冲对÷15计数器进行清零，同时自身复位，进入下一次计数周期。

若在315个码组计数周期中，误码多于15个，则÷15计数器溢出，输出一个进位脉冲作为“同步调整脉冲”，到扣脉冲电路进行同步调整。该脉冲同时对÷315计数器进行清零，同时自身复位，进入下一次计数周期。

扣脉冲电路：每个“同步调整脉冲”进入到扣脉冲电路将对时钟脉冲扣掉一个，其等效为将6bit码组划分界线向后移动一个码元，这样最多经过五次“扣脉冲”调整既可实现接收码组对发送端码组的同步。

5B6B译码模块各测试点定义：

TPC01：输入数据(线路码型：5B6B；速率：2.4576Mbps；波形：非归零)。

TPC02:输入时钟(频率:2.4576MHz;方波)。

TPC03:输出数据(速率:2.048Mbps;波形:非归零)。

TPC04:输出时钟(频率:2. 048MHz;方波)。

TPC05:分组指示。

TPC06:错码指示。

TPI07:转换指示。

四、实验内容及步骤

准备工作:将发送定时模块中的 CMI/5B6B 使能跳线开关 KJ02 设置在 5B6B 位置(右端),通过发时钟处理模块向 5B6B 编码模块提供相关编码时钟。将光纤收发模块发送数据选择开关 KE01 设置在 5B6B 位置(右端)。将 5B6B 编码模块输入信号选择开关 KB01 设置在 m 位置(右端),使输入信号为本地的 m 序列信号;将选择开关 KB02 中误码插入开关 Error-Sel0、Error-Sel1 拔下,不插入误码;选择开关 KB02 中的 T_5B6B 开关拔下,选择正常数据序列输出。

(一)分组指示信号测量

将选择开关 KB02 中的序列选择跳线开关 m_Sel0 拔下,使产生 0/1 码信号输出。用示波器同时测量 5B6B 编码输入数据(TPB01)和发送分组指示(TPB05)信号。测量时选用 TPB01 信号作为示波器同步触发信号,仔细调整示波器,使其两路波形能同步稳定的显示,观测并分析观测结果(见图 2-6-3)。

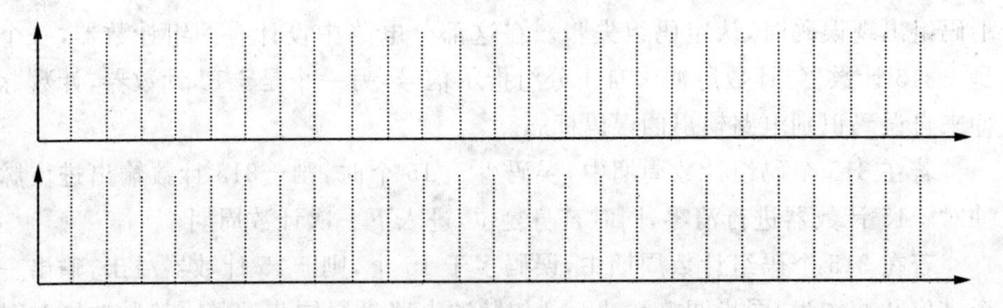

图 2-6-3　输入信号与分组指示信号波形测量

(二)5B6B 线路码型编码规则测试

(1)保持上一步设置条件,将 5B6B 线路码型模式选择开关 Mode0、Mode1 拔下,选择编码码表为 5B6B-1 模式。用示波器同时测量 5B6B 编码输入数据(TPB01)和编码输出数据(TPB03)信号。测量时选用 TPB01 信号作为示波器同步触发信号，仔细调整示波器使其两路波形能同步稳定的显示，记录并描绘下测量波形（见图 2-6-4）。

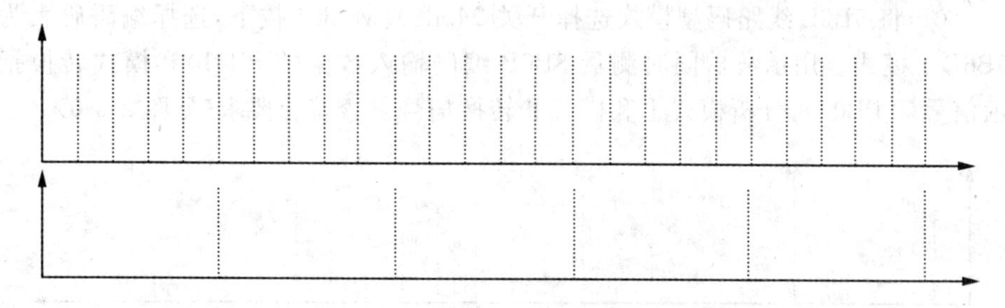

图 2-6-4　5B6B-1 模式下的编码波形观测

（2）改变 5B6B 线路码型模式选择开关 Mode0、Mode1 位置，选择在其他码表模式，分析、验证编码输出数据是否正确（见图 2-6-5）。

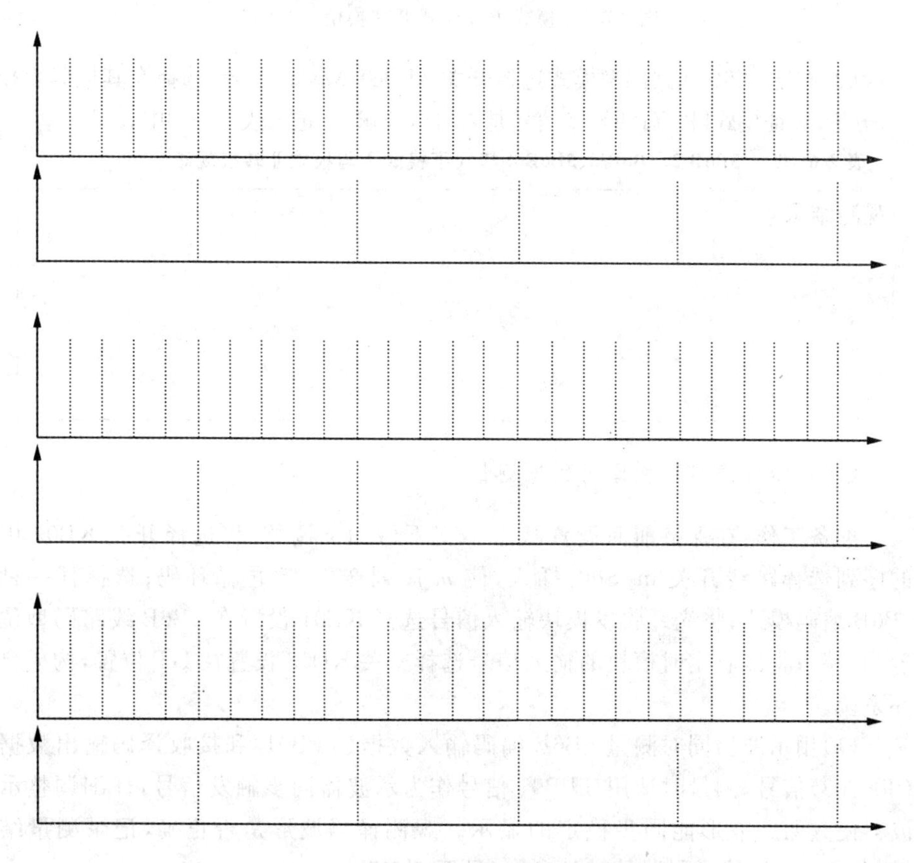

图 2-6-5　5B6B-2、5B6B-3、5B6B-4 模式下的编码波形观测

(三)模式Ⅰ和模式Ⅱ转换指示信号测量

(1)将5B6B线路码型模式选择开关Mode0、Mode1拔下,选择编码码表为5B6B-1模式。用示波器同时测量5B6B编码输入数据(TPB01)和模式转换指示信号(TPB07),分析模式Ⅰ和模式Ⅱ转换信号是否符合要求(见图2-6-6)。

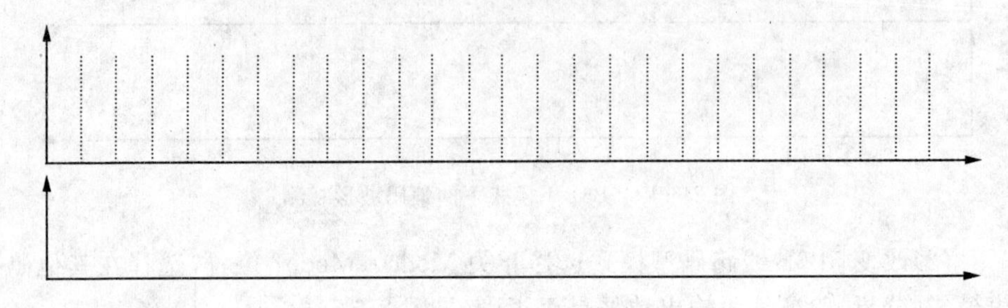

图2-6-6　模式Ⅰ和模式Ⅱ转换信号观测

(2)改变5B6B线路码型模式选择开关Mode0、Mode1位置,选择在其他码表模式,分析、验证模式Ⅰ和模式Ⅱ转换信号是否符合要求,并记入表2-6-10中。

表2-6-10　5B6B-2、5B6B-3、5B6B-4模式下模式Ⅰ与模式Ⅱ转换观测

观测结果:

(四)5B6B线路码型译码数据测量

准备工作:在保持前面设置状态不变下做如下调整:将选择开关KB02中的序列选择跳线开关m_Sel0插入,使m序列产生15位循环码;选择任一种5B6B编码模式;将光纤收发模块输入信号选择KE01设置在5B6B线路码型位置(右端);将接收定时模块的输入信号选择开关KD03设置在DT位置,构成自环系统。

(1)用示波器同时测量5B6B编码输入数据(TPB01)和接收译码输出数据(TPC03)信号,测量时选用TPB01信号作为示波器同步触发信号,仔细调整示波器使其两路波形能同步稳定的显示。观测译码波形是否正确,记录测量结果,分析5B6B编译码器的时延参数(见图2-6-7)。

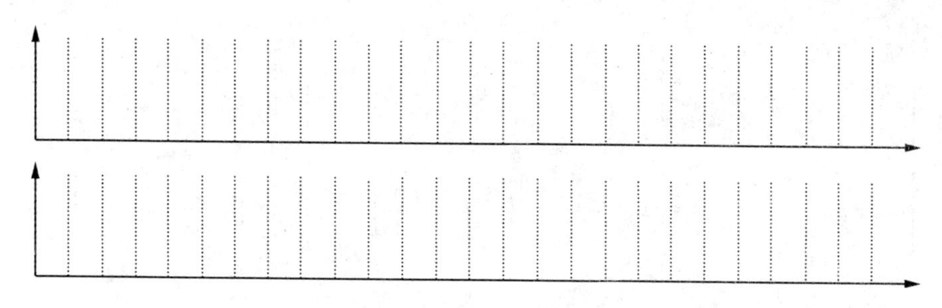

图 2-6-7　5B6B 编码输入与译码输出波形观测

(2)更换其他 5B6B 编码模式,观测并分析观测结果(见表 2-6-11)。

表 2-6-11　　不同 5B6B 编码模式下编译码波形观测

观测结果:

(五)码组同步调整过程观测

用示波器观测 5B6B 编码模块的分组指示信号 TPB05,用 TPB05 作示波器同步触发源,观测 5B6B 译码模块的分组指示信号 TPC05。正常时,两信号应完全同步。然后将接收定时模块信号输入选择开关 KD03 拔下(开路)后再插入(自环),观测译码码组同步电路的失步和同步调整过程。观测失步时,同步告警指示灯 DC01 状态及 5B6B 译码模块的错误指示测试点 TPC06 信号。观测结果记入表 2-6-12 中。

表 2-6-12　　码组同步调整过程的观测

观测结果:

(六)5B6B 线路码型误码检测功能及同步性能定性测量

(1)在上述自环状态下,设置 KB02 中的误码开关 E_sel1,E_sel0 为(0,1),用示波器同时观测发送编码模块的插入误码指示(TPB06)和接收译码模块的误码检测指示(TPC06)信号波形(见图 2-6-8)。

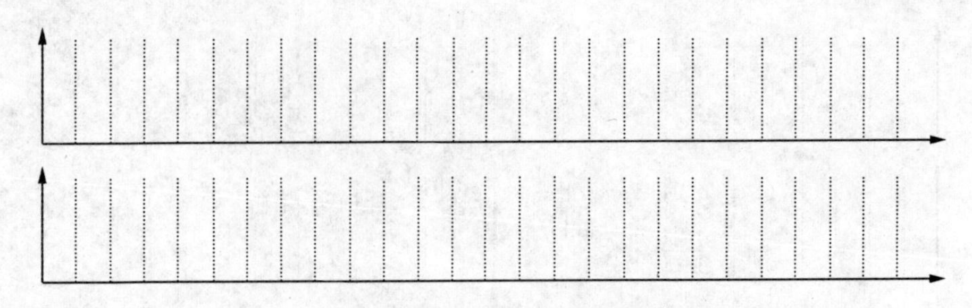

图 2-6-8 插入误码与接收误码信号观测

(2)将误码插入选择开关 E_Sel1、E_Sel0 根据表 2-6-7 所示设置在不同位置,在信道中插入不同量级的误码数,观测 5B6B 线路编码系统能否正确识别错码及正常同步,记录并分析测量结果(见表 2-6-13)。

表 2-6-13 不同误码率下误码检测及同步情况观测

E_Sel1、E_Sel0	00	01	10	11
插入错码率(Pe)	0	2×10^{-3}	1.6×10^{-2}	1.3×10^{-1}
误码检出情况				
收发码组同步				

(七)5B6B 线路码型误码扩散系数测量

准备工作:将 5B6B 编码模块输入信号选择开关 KB01 设置在 DT_SCR 位置,加扰模块的输入数据选择开关 K801 设置在 DT_SYS 位置。此时,输入信号由连接同步数据接口模块的外部数据设备经扰码器送入 5B6B 编码模块。在断电的情况下,将误码测试仪的 RS422 端口通过测试数据线接入数据接口模块的 JF02 数据端口(DB9 连接头)。

误码仪操作:

测量参数设置:模式——连续

码类——$2^{15}-1$ 或 $2^{21}-1$

接口——外时钟,接口类型 RS422

测试误码率:按“测试/停止”进入测试状态。

按误码率,进入发码和误码显示状态,此时应无误码。

通过选择跳线开关 E_Sel0、E_Sel1 的状态,选择插入不同量级的错码,测量误码率。将测量结果记入表 2-6-14 中,换算误码扩散系数。

表 2-6-14　　误码扩散系数测量

E_Sel1、E_Sel0	01	10	11
插入误码率(*Pe*)	2×10^{-3}	1.6×10^{-2}	1.3×10^{-1}
实测误码率(*Pe*)			
误码扩散系数			

（八）不同 5B6B 线路码型码表误码扩散系数比较测量

保持上述设置状态及设备连接，测量在不同 5B6B 线路码型模式下的误码率，将各测量结果记入表 2-6-15 中。将测量结果换算成误码扩散系数进行比较，定性地判断误码扩散系数与理论性能是否一致。

表 2-6-15　　不同 5B6B 线路码型对误码扩散系数的影响

E_Sel1、E_Sel0		01	10	11	平均误码扩散系数
插入误码率 *Pe*		2×10^{-3}	1.6×10^{-2}	1.3×10^{-1}	
5B6B-1	实测误码率				
	误码扩散系数				
5B6B-2	实测误码率				
	误码扩散系数				
5B6B-3	实测误码率				
	误码扩散系数				
5B6B-4	实测误码率				
	误码扩散系数				

五、实验结果分析及处理

（1）描述 5B6B 线路码型的性能和特点。

（2）画出主要测量点波形。

（3）画出 15 位 *m* 序列码三个周期的 5B6B-1 线路码型的编码输出信号波形及模式Ⅰ/模式Ⅱ的对应波形。

（4）分析译码码组同步调整的过程，试提出一套新的码组同步调整设计方案。

（5）根据误码率测量结果和误码扩散系数计算结果，分析讨论几种 5B6B 线路码型的性能差异。

实验七　CMI 码型变换实验

一、实验目的

(1)掌握 CMI 码的编码规则。

(2)熟悉 CMI 编译码系统的特性。

二、实验仪器

ZH5002 型光纤通信原理综合实验系统、20MHz 双踪示波器、ZH9001 型误码测试仪各一台。

三、实验原理

在实际的基带传输系统中,并不是所有码字都能在信道中传输。例如,含有丰富直流和低频成分的基带信号就不适宜在信道中传输,因为它有可能造成信号严重畸变。同时,一般基带传输系统都从接收到的基带信号流中提取收定时信号,而收定时信号却又依赖于传输的码型,如果码型出现长时间的连 0 或连 1 符号,则基带信号可能会长时间地出现 0 电位,从而使收定时恢复系统难以保证收定时信号的准确性。对传输用的基带信号的主要要求有两点:

(1)对各种代码的要求,期望将原始信息符号编制成适合于传输用的码型。

(2)对所选码型的电波波形要求,期望电波波形适宜于在信道中传输。

前一问题称为“传输码型的选择”,后一问题称为“基带脉冲的选择”。传输码(又称“线路码”)的结构取决于实际信道特性和系统工作的条件。在光纤数字通信系统中,传输码的结构应具有下列主要特性:

(1)不受信息源统计特性的影响,即能适应信息源的变化。

(2)接收端定时设备简单,使其能方便地从相应的基带信号中获取定时信息。

(3)尽可能地提高传输码型的传输效率。

(4)具有内在的检错能力。

(5)信息传号密度均匀，使信息变化不引起光功率输出变化，相应保持激光二极管发热温度恒定，提高二极管使用寿命。

(6)功率谱密度中无直流成分，只有很小的低频成分，可以改善发端光功率检测电路的灵敏度，使输出光功率稳定。

(7)使可检测的光功率较小，即提高了系统接收灵敏度等等。

满足或部分满足以上特性的传输码型种类繁多，主要有：CMI 码、mBnB 等等。根据 CCITT 建议，CMI 码一般作为 PCM 四次群数字中继接口的码型。同时，CMI 码也是我国目前主要采用的传输码之一。

CMI 编码规则如表 2-7-1 所示。

表 2-7-1　　CMI 的编码规则

输入码字	编码结果
0	01
1	00/11 交替表示

因而在 CMI 编码中，输入码字 0 直接输出 01 码型，较为简单。对于输入为 1 的码字，其输出 CMI 码字存在两种结果 00 或 11 码，因而对输入 1 的状态必须记忆。同时，编码后的速率增加一倍，因而整形输出必须有 2 倍的输入码流时钟。在这里，CMI 码的第一位称为 CMI 码的“高位”，第二位称为 CMI 码的“低位”。

在 CMI 解码端，存在同步和不同步两种状态，因而需进行同步。同步过程的设计可根据码字的状态进行。因为在输入码字中不存在 10 码型，如果出现 10 码，则必须调整同步状态。在该功能模块中，可以观测到 CMI 在译码过程中的同步过程。CMI 码具有如下特点：

(1)不存在直流分量，并且具有很强的时钟分量，有利于在接收端对时钟信号进行恢复。

(2)具有检错能力，这是因为 1 码用 00 或 11 表示，而 0 码用 01 表示，因而在 CMI 码流中不存在 10 码，且无 00 与 11 码组连续出现，这个特点可用于检测 CMI 的部分错码。

本设备 CMI 码通过 CMI 编码模块和 CMI 译码模块来完成 CMI 的编码与解码功能。CMI 编码模块由 1 码编码器、0 码编码器、输出选择器组成，其组成框图如图 2-7-1 所示。

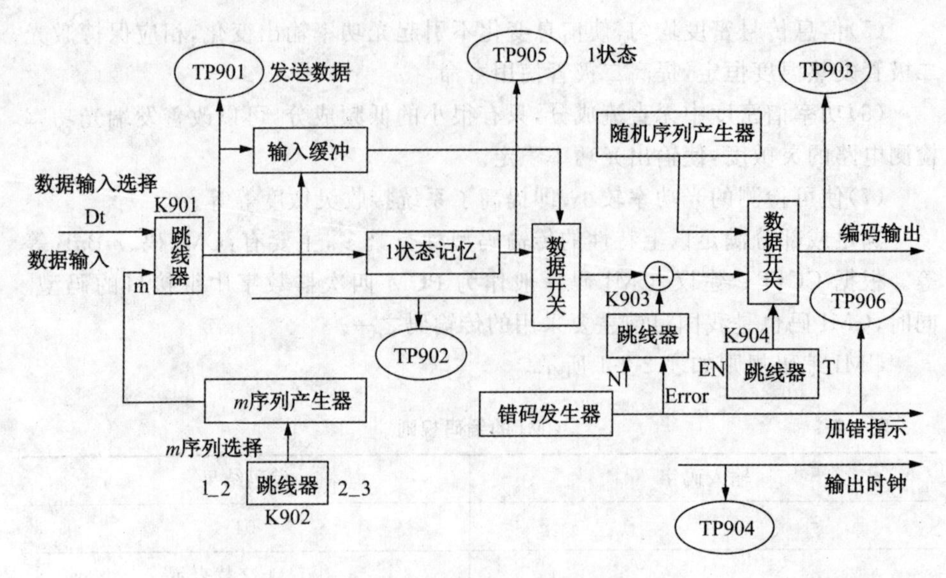

图 2-7-1　CMI 编码模块组成框图

其工作原理如下：

(1)1 码编码器：因为在 CMI 编码规则中，要求在输入码为 1 时，交替出现 00、11 码，因而在电路中必须设置一状态来确认上一次输入比特为 1 时的编码状态。这一机制是通过一个 D 触发器来实现的，每当输入码流中出现 1 码时，D 触发器进行一次状态翻转，从而完成对 1 码编码状态的记忆(1 状态记忆)。同时，D 触发器的 Q 输出端也将作为输入比特为 1 时的编码输出(测试点 TP905)。

(2)0 码编码器：当输入码流为 0 时，则以时钟信号输出作 01 码。

(3)输出选择器：输入码流缓冲器的输出 Q 用于选择是 1 编码器输出还是 0 编码器输出。

输入码经过编码之后在测试点 TP903 上可测量出 CMI 的编码输出结果。

m 序列产生器：*m* 序列产生器输出受码型选择跳线开关 K902 控制，产生不同的特殊码序列。当 K902 设置在 1_2 位置(左端)，输出 111100010011010 序列；当 K902 设置在 2_3 位置(右端)时，输出 1110010 序列。输入数据选择开关 K901 设置在 m 位置时(右端)，CMI 编码器输入为 *m* 序列产生器输出数据，此时可以用示波器观测 CMI 编码输出信号，验证 CMI 编码规则。

错码发生器：为验证 CMI 编译码器系统具有检测错码能力，可在 CMI 编码器中人为插入错码。将 K903 设置在 Error 位置(右端)时，插入错码，否则设置在 N 位置(左端)时，无错码插入。

随机序列产生器：为观察 CMI 译码器的失步功能，可以产生随机数据送入 CMI 译码器，使其无法同步。先将输入数据选择开关 K901 设置在 Dt 位置(左端)，再将跳线开关 K904 设置在测试 T 位置(右端)，CMI 编码器将选择内部一个不符合 CMI 编码关系的随机信号序列数据输出。正常工作时，跳线开关 K904 设置在 EN 位置(左端)。

在 CMI 编码模块中，测试点的安排如下：

TP901：发送数据(1.024Mbps)。

TP902：发送时钟(1.024MHz)。

TP903：编码输出(2.048Mbps)。

TP904：输出时钟(2.048MHz)。

TP905：1 状态。

TP906：加错指示。

CMI 译码模块由串并变换器、译码器、同步检测器、扣脉冲电路等组成，其组成框图如图 2-7-2 所示。

其工作原理如下：

(1)串并变换器：输入的 2048kbps 的 CMI 码流首先送入一个串并变换器，在时钟的作用下将 CMI 的编码码字的高位与低位码字分路输出。

(2)CMI 译码器：CMI 码的高位与低位通过异或门实现 CMI 码的译码。由于电路中的时延存在差异，输出端可能存在毛刺，又进行输出整形。译码之后的结果可在 TPA03 上测量出来，其与 TP901 的波形应一致，仅存在一定的时延。

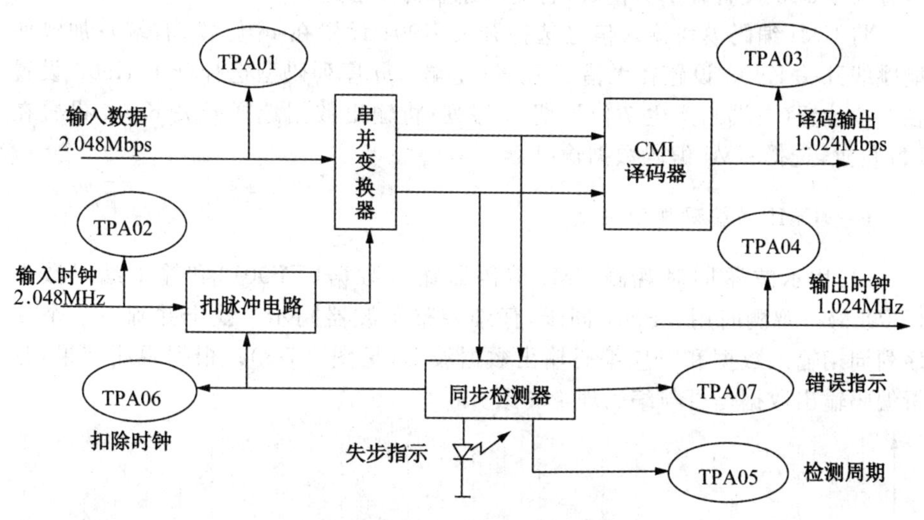

图 2-7-2　CMI 译码模块组成框图

(3)同步检测器：根据 CMI 编码的原理，CMI 码同步时不会出现 10 码字(不考虑信道传输错码)；如果 CMI 码没有同步好(即 CMI 的高位与低位出现错锁)，将出现多组 10 码字，此时将不能正确译码。同步检测器的原理是：当在一定时间周期内，如出现多组 10 码字则认为 CMI 译码器未同步。此时同步检测电路输出一个控制信号到扣脉冲电路扣除一个时钟，调整 1bit 时延，使 CMI 译码器同步。CMI译码器在检测到10码字时，将输出错误指示(TPA07)。

(4)测试点TPA05是调整观测周期。

在CMI译码模块中，测试点的安排如下：

TPA01：输入数据(2.048Mbps)。

TPA02：输入时钟(2.048MHz)。

TPA03：译码输出(1.024Mbps)。

TPA04：输出时钟(1.024MHz)。

TPA05：检测周期。

TPA06：扣除时钟。

TPA07：错误指示。

四、实验内容及步骤

准备工作：将发送定时模块方式选择开关KJ02设置在CMI位置(左端)；将光纤收发模块发送数据选择开关KE01设置在CMI位置(左端)；将解扰模块输入数据选择开关K803设置在CMI位置(上端)；将接收定时模块信号输入选择开关KD03设置在DT位置(右端)，建立自环信道。

将CMI编码模块输入信号选择开关K901设置在m位置(右端)；加错使能跳线开关K903设置在无错N位置(左端)；*m*序列码型选择开关K902设置在2_3位置(右端)，产生7位周期*m*序列；将输出数据选择开关K904设置在EN位置，选择CMI编码数据输出。

(一)CMI码编码规则测试

(1)用示波器同时观测CMI编码器输入数据(TP901)和输出编码数据(TP903)。观测时用TP901同步，仔细调整示波器同步。找出并画下一个*m*序列周期输入数据和对应编码输出数据波形(见图2-7-3)。根据观测结果，分析编码输出数据是否与编码理论一致。

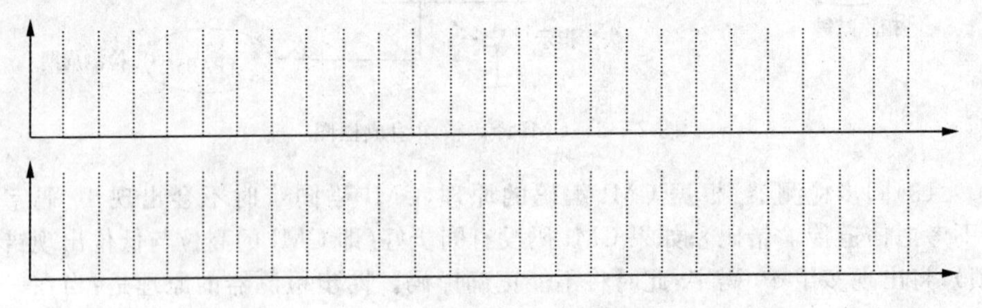

图2-7-3　CMI编码输入与输出波形观测(7位循环码)

(2)将 K902 设置在 1_2 位置(左端),产生 15 位周期 m 序列,重复上一步骤测量。画下测量波形(见图 2-7-4),分析测量结果。

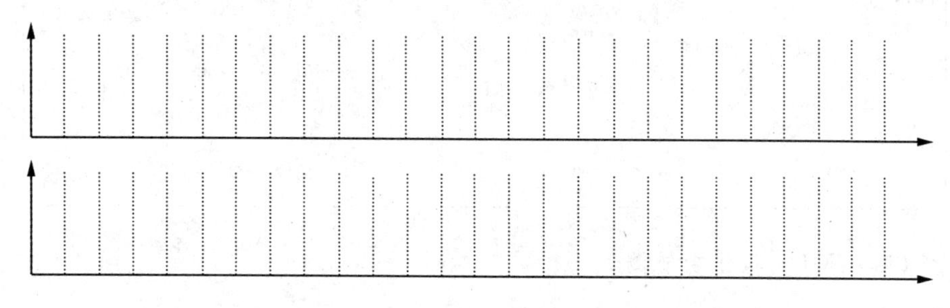

图 2-7-4　CMI 编码输入与输出波形观测(15 位循环码)

(二)CMI 码解码波形测试

用示波器同时观测 CMI 编码器输入数据(TP901)和 CMI 解码器输出数据(TPA03),画下测量波形(见图 2-7-5),观测时用 TP901 同步。验证 CMI 译码器能否正常译码,两者波形除时延外应一一对应。

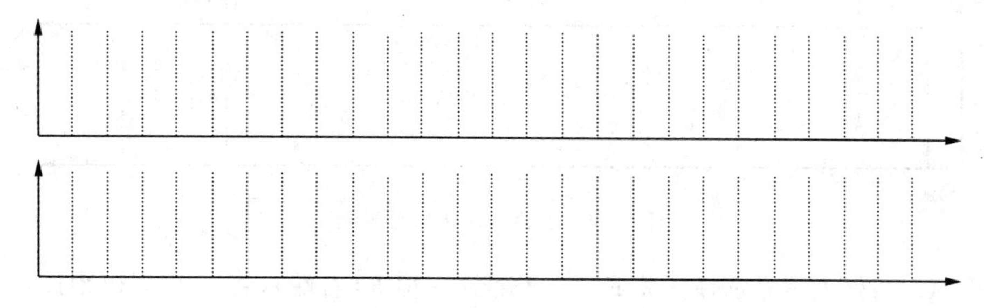

图 2-7-5　CMI 编码输入与解码输出波形观测

(三)CMI 码编码加错波形观测

跳线开关 K903 是加错控制开关,当 K903 设置在 Error 位置时(右端),将在输出编码数据流中每隔一定时间插入 1 个错码。TP906 是发端加错指示测试点,用示波器同时观测加错指示点 TP906 和输出编码数据 TP903 的波形,观测时用 TP903 同步,观测结果记入表 2-7-2 中。分析有错码时的输出编码数据,并判断接收端 CMI 译码器可否检测出。

表 2-7-2　　　　有错码插入时的编码数据观测

观测结果：

(四)CMI 码检错功能测试

首先将输入信号选择跳线开关 K901 设置在 DT 位置(左端)，将加错跳线开关 K903 设置在 Error 位置，人为插入错码，模拟数据经信道传输误码。

(1)用示波器同时测量加错指示点 TP906 和 CMI 译码模块中检测错码指示点 TPA07 波形(见图 2-7-6)。

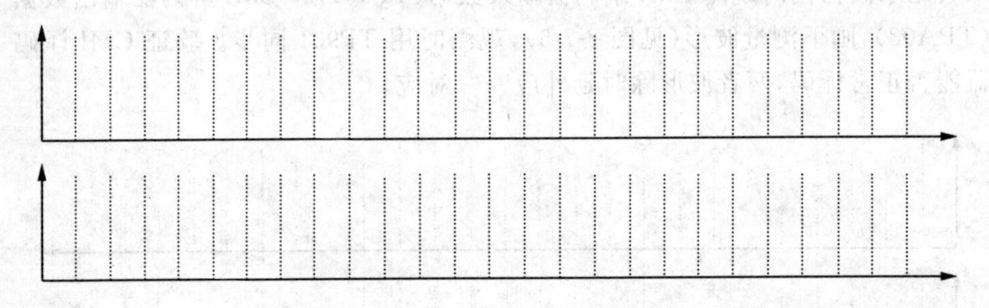

图 2-7-6　加错与检错信号观测

(2)将输入信号选择开关 K901 设置在 m 位置(右端)，将 m 序列码型选择开关 K902 设置在 1_2 位置(或 2_3 位置)，重复(1)试验，观察测量结果有何变化(见图 2-7-7)。

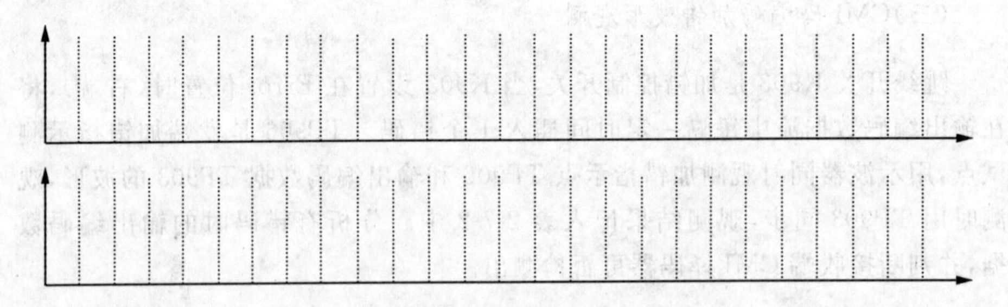

图 2-7-7　m 序列下加错与检错信号观测

(3)关机5s后再开机，重复(2)试验，认真查看测试结果有何变化(注：可以重复多测试几次——关机后再开机)，观测结果记入表2-7-3中。

思考：为什么有时检测错码检测点输出波形与加错指示波形不一致？

表2-7-3　　初始状态对检错的影响观测

观测结果：

(五)抗连0码性能测试

(1)将输入信号选择开关K901拔下，使CMI编码输入数据悬空(产生全0码输入)。用示波器测量输出编码数据(TP903)(见图2-7-8)。输出数据为01码，说明具有丰富的时钟信息。

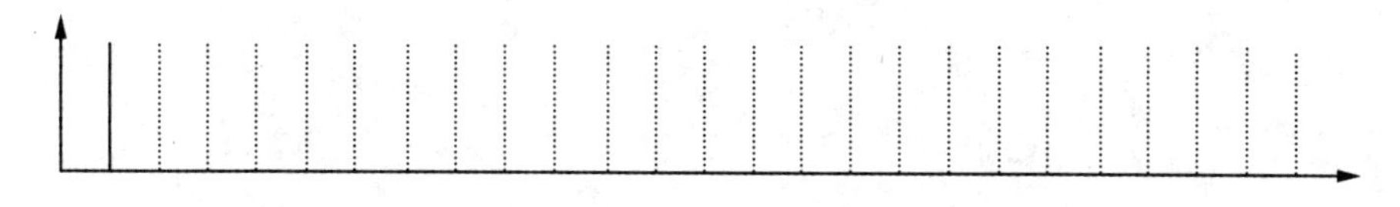

图2-7-8　全0输入时CMI编码输出波形观测

(2)测量CMI译码输出数据是否与发端一致，观测结果记入表2-7-4中。

表2-7-4　　CMI编译码结果观测

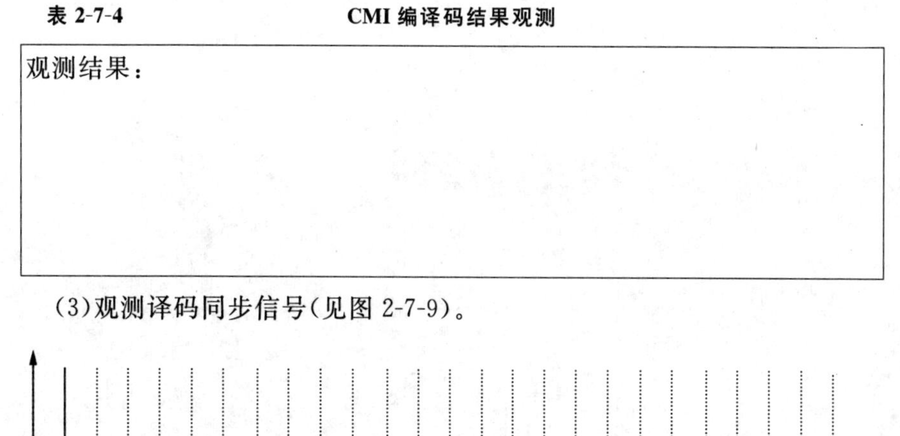

观测结果：

(3)观测译码同步信号(见图2-7-9)。

图2-7-9　译码同步信号观测

五、实验结果分析及处理

(1)画出主要测量点波形。

(2)根据测量结果,总结接收时钟受发送数据影响情况。

(3)为什么有时检测错码检测点输出波形与加错指示波形不一致?

(4)CMI 码是否具有纠错功能?

实验八　接收定时恢复电路实验

一、实验目的

(1)熟悉模拟锁相环的基本工作原理。
(2)掌握模拟锁相环的基本参数及设计。

二、实验仪器

ZH5002型光纤通信原理综合实验系统、20MHz双踪示波器、函数信号发生器各一台。

三、实验原理

光终端中,接收定时模块的作用是完成从接收的数据码流中提取接收同步时钟信号(位定时)。该部分电路的性能对光纤通信传输的质量起着重要的作用,是决定光纤通信设备技术指标的重要部件。为获得良好的高质量时钟信号,接收定时模块中的接收时钟提取电路由一个数字锁相环和一个模拟锁相环共同承担完成。

使用数字锁相环可直接对接收的数据信号进行时钟提取,输出接收同步时钟信号。但由于数字锁相环提取的接收时钟固有的相位抖动较大,其输出的接收时钟信号抖动不一定能满足系统的技术指标要求。因此,需要通过一个模拟锁相环来对该接收时钟信号进一步提纯,滤除或减小时钟中含有的抖动,使其符合技术要求,该模拟锁相环电路对时钟信号起平滑锁相的作用。图2-8-1是接收定时模块的系统组成框图。

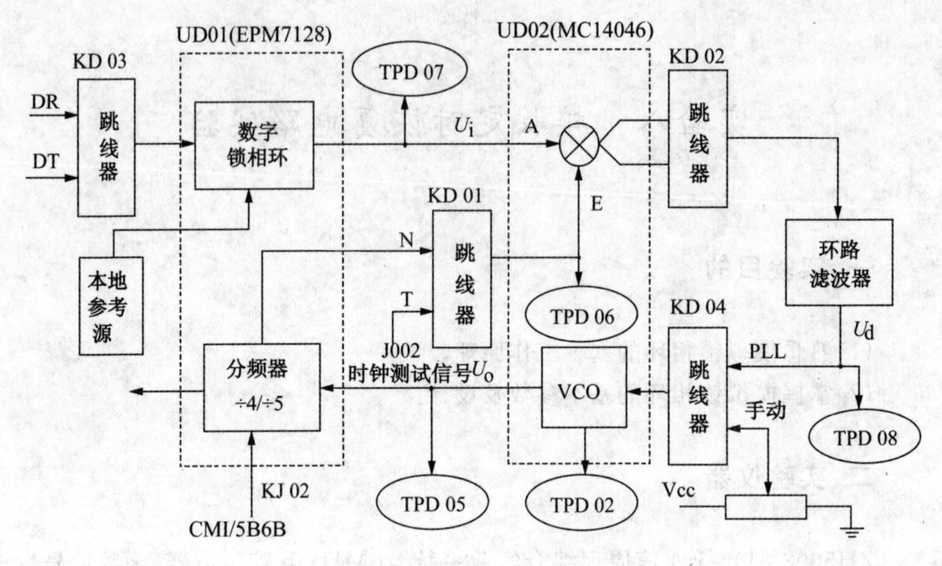

图 2-8-1　接收定时模块的系统组成框图

数字锁相环由一片 CPLD 集成电路 UD01(EPM7128)组成。

模拟锁相环主要由通用锁相环集成电路 UD02(MC14046)、UD01 中的数字分频器(÷4 或÷5)、RC 阻容器件组成的环路滤波器等构成。MC14046 的工作原理是:压控振荡器的输出 U_o经分频后接至相位比较器的一个输入端,与外部输入信号 U_i相比较,相位比较器的输出电压 U_ϕ正比于 U_i和 U_o的相位差。经低通滤波器滤除高频成分后,得到平均值电压 U_d。U_d朝着减小 VCO 输出频率和输入频率之差的方向变化,直至 VCO 输出频率与输入信号频率一致($f_o=f_i$)。这时两个信号频率相同,位相差恒定(即同步),称作“相位锁定”。当图 2-8-1中相位比较器选择开关 KD02 设置在 1_2 位置(左端)时,选择异或门鉴相输出,环路锁定时,两者有一定的相位差;当 KD02 设置在 2_3 位置(右端)时,则选择三态门鉴相输出。环路锁定时,两个信号之间保持 0 相移。当锁相环入锁时,它具有“捕捉”信号的能力,VCO 可在一定范围内自动跟踪输入信号的变化。如果输入信号频率在锁相环的捕捉范围内发生变化,锁相环能捕捉到输入信号的频率,并强迫 VCO 锁定在这个频率上。脚 1 是锁定指示输出端,环路锁定时为高电平,环路失衡时为低电平。

模拟锁相环可作为一个独立的实验进行测试。在本实验系统中,模拟锁相环将锁定在数字锁相环送出的接收同步时钟上。由于 VCO 输出经过一个分频器,其锁定频率还取决于工作方式选择开关 KJ02(在发送定时模块)。当 KJ02 设置在 CMI 位置,VCO 锁定在 8.192MHz(4×2.048MHz)频率上;当 KJ02 设置在 5B6B 位置,VCO 锁定在 12.288MHz(6×2.048MHz)频率上。

模拟锁相环模块各调线开关功能如下：

(1)输入信号选择开关 KD01 用于选择输入锁相信号。当 KD01 设置在 N 时，输入信号来自数字锁相环的输出时钟信号；当 KD01 设置在 T 时，选择外部的测试信号(J002，在 PCM 模块)，此信号用于测量该模拟锁相环模块的性能。

(2)开关 KD02 用于选择相位比较器 UD02 的输出。当 KD02 设置在 1_2 位置，选择异或门相位比较器输出，环路锁定时 TPD06、TPD07 输出信号存在一定相移(90°)；当 KD02 设置在 2_3 位置时，选择三态门鉴相输出，环路锁定时 TPD06、TPD07 输出信号无相移(注意：正常工作时，KD02 设置在 2_3 位置)。调整电位器 WD01，可以改变模拟锁相环的环路参数。

(3)开关 KD03 用于选择输入数据信号。当 KD03 设置在 DR，输入需同步的信号来自远端信道送来的数字信号(来自光纤接发模块的数据接收)；当 KD03 设置在 DT，输入需同步的信号来自本地的发送端的数字信号(来自光纤收发模块的发送数据，构成收发自环)。

(4)开关 KD04 用于选择输入 VCO 的误差控制信号。当 KD04 设置在 PLL，VCO 的误差控制信号来自环路低通滤波器的输出误差电压 U_d；当 KD04 设置在“手动”位置，VCO 的误差控制信号来自相邻电位器 WD02 的调整输出电压。

各测试点定义如下：

TPD01：暂未使用。

TPD02：锁定检测指示。

TPD03：暂未使用。

TPD05：VCO 输出信号。

TPD06：鉴相器输入信号 B。

TPD07：鉴相器输入信号 A。

TPD08：环路滤波器输出。

四、实验内容及步骤

准备工作：将实验设备设置在 5B6B 方式，发送定时模块工作方式选择开关 KJ02 设置在 5B6B 位置，光纤收发模块工作方式选择开关 KE01 设置在 5B6B 位置，将加扰模块输入数据选择开关 K801 设置在 m 位置，将 5B6B 编码模块输入数据选择开关 KB01 设置在 DT_SRC 位置，码表模式任意，不插入误码。将接收定时模块中的输入信号选择开关 KD01 设置在 N 位置，鉴相输出开关 KD02 设置在 2_3 位置，输入信号选择开关 KD03 设置在 DR 位置，VCO 的误差控制信号输入选择开关 KD04 设置在 PLL 位置。

(一)VCO 自由振荡频率测量

(1)将 VCO 的误差控制信号输入选择开关 KD04 设置在“手动”位置,把函数信号发生器方式设置为计数,闸门时间放在 100ms 或 1s,测量 TPD05 监测点的 VCO 输出振荡频率 f_o,记录闸门每次闪动的频率读数。测量时,当发现 VCO 的中心频率偏离 12.288MHz 较远时,可以通过调整 VCO 输入电压调整电位器 WD02 进行校正。

(2)求出 VCO 在频率 12.288MHz 时的短期频率稳定度($\Delta f/f_o$)。

(二)VCO 压控特性曲线测量

(1)在上一步实验内容测量条件下,用频率计检测 TPD05 监测点 VCO 输出的振荡频率 f_o,用示波器(输入设置在直流 DC 位置)监测调线开关 KD04 中心点的直流电压。

(2)调整 VCO 输入电压调整电位器 WD02,测量 KD04 中心点的直流电压和 VCO 输出的振荡频率 f_o,将测量结果填入表 2-8-1 中。

表 2-8-1　　VCO 压控特性测量

序号	VCO 输入电压(V)	VCO 输出频率(MHz)	序号	VCO 输入电压(V)	VCO 输出频率(MHz)
1			9		
2			10		
3			11		
4			12		
5			13		
6			14		
7			15		
8			16		

(3)在图 2-8-2 中画出压控特性曲线。

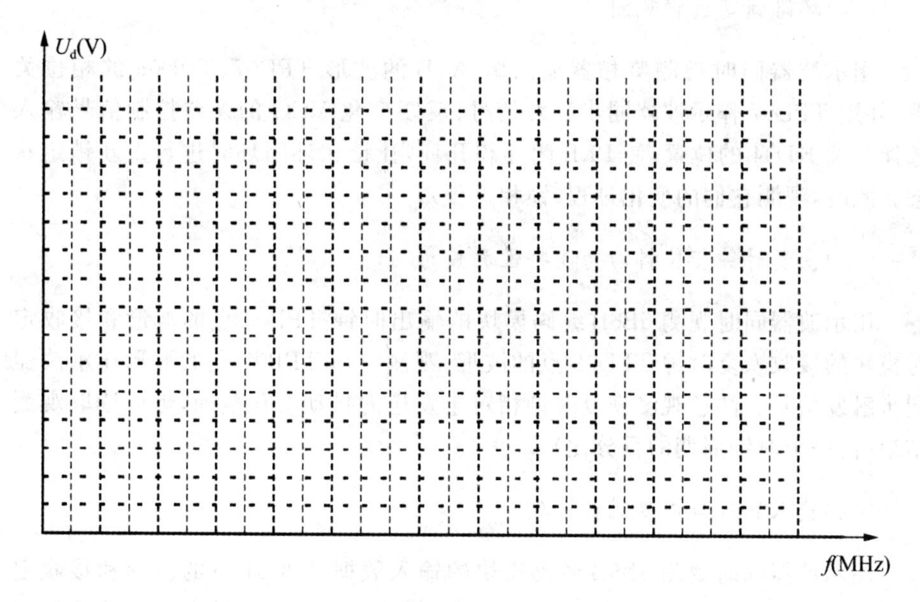

图 2-8-2　VCO 压控特性曲线

(三)压控频率范围测量

利用 VCO 压控特性曲线测量结果,直接计算可得:

$$\text{VCO 压控频率范围} = f_{\max} - f_{\min}$$

(四)压控灵敏度测量

利用 VCO 压控特性曲线测量结果直接计算获得,计算数据选择 VCO 工作频率附近点线性度较好的一段进行。

$$\text{VCO 压控灵敏度} = \frac{f_2 - f_1}{U_2 - U_1}$$

(五)锁定相位信号相移特性观测

(1)将接收定时模块中的各跳线器恢复正常,用示波器同时观测鉴相器输入脚 A、B 的波形 TPD07、TPD06 的相位关系。环路锁定时,两信号相位将不存在相移。画下测量波形。

(2)将鉴相输出开关 KD02 设置在 1_2 位置,重复上述测量步骤。环路锁定时,两信号相位将存在相移。画下测量波形,近似读取相移角度。

（六）环路锁定过程观测

用示波器同时观测鉴相器输入脚 A、B 的波形 TPD07、TPD06 的相位关系，并用 TPD07 作示波器同步触发信号；反复变化 VCO 的误差控制信号输入选择开关 KD04 的位置，使 PLL 闭环和开环，让锁相环闭环时进行重新锁定状态。此时，观测它们的变化过程（锁相过程）。

（七）恢复时钟相位抖动功能特性测量

用示波器同时观测 5B6B 编码模块的输出时钟 TPB03 点的波形和接收定时模块的接收恢复时钟 TPD06 点的波形，观测时用 TPB03 点的波形作示波器同步触发信号。注意观测恢复时钟相对于发送的抖动变化范围，近似读取观测结果（占一个时钟周期的百分比）。

（八）输入数据与恢复时钟比较

用示波器同时观测 5B6B 译码模块的输入数据 TPC01 点的波形和接收定时模块的接收恢复时钟 TPD06 点的波形，观测时用 TPD06 点的波形作示波器同步触发信号。注意观测恢复时钟相对于接收数据的关系，分析思考接收时钟恢复电路中使用的数据锁相环和模拟锁相环各起什么作用。

五、实验结果分析及处理

(1)画出主要测量点的波形。

(2)分析总结各项测量结果。

实验九 光信号发送和接收实验

一、实验目的

(1)熟悉光端机重要指标及概念。
(2)掌握光端机重要指标测量方法。

二、实验仪器

ZH5002 型光纤通信原理综合实验系统两台、20MHz 双踪示波器一台、ZH9001 型误码测试仪两台、光功率计一台。

三、实验原理

光端机中电/光转换和光/电转换由光纤收发模块(E)和相关接口电路完成,其工作原理如图 2-9-1 所示。

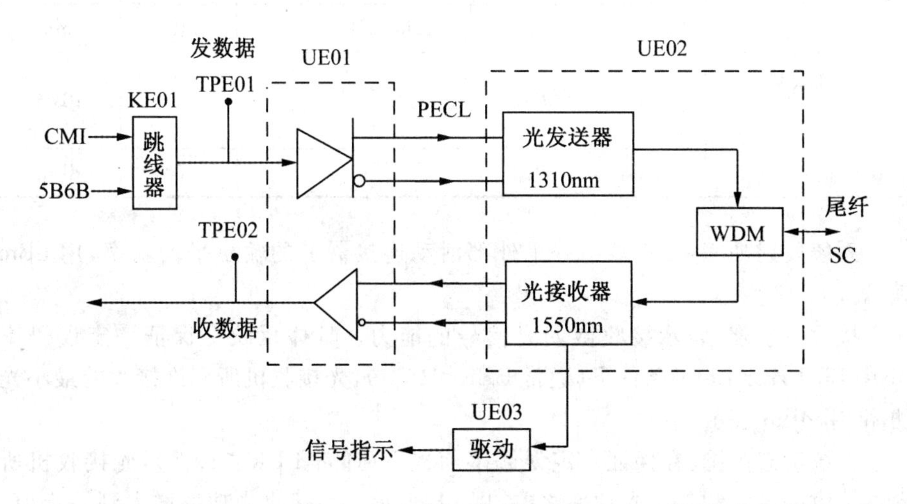

图 2-9-1 光纤收发模块工作原理示意图

光信号收发一体化模块 UE02:集成了高可靠性的 1310nm(或 1550nm)无

制冷 FP 激光器和驱动电路，将准发射耦合逻辑 PECL(Pseudo Emitter Coupled Logic)数据信号转化为光信号，内设自动功率控制 APC(Auto Power Control)电路来保持光功率稳定。接收采用 InGaAs/InP PIN 光电转换器，将光信号转换为电流，并经过放大再生恢复出为 PECL 电平的数据信号。该模块内集成有 1310nm 和 1550nm 波分复用器，实现光的双向传输。典型参数如表 2-9-1 所示。

表 2-9-1 光信号收发器技术性能参数

光发送器参数						
参数		符号	最小值	典型值	最大值	单位
数据速率		B		155		Mb/s
波长	13/15 型	λ_c	1280	1310	1340	nm
	15/13 型	λ_c	1520	1550	1580	nm
输出功率		P_{out}	−15	−10	−8	dBm
消光比		P_h/P_l	10			dB
光接收器参数						
参数		符号	最小值	典型值	最大值	单位
数据速率		B		155		Mb/s
波长	13/15 型	λ_c	1470		1600	nm
	15/13 型	λ_c	1200		1400	nm
接收机灵敏度 (10^{-10} BER)		P_{min}	−32			dBm
最大输入光功率		P_{max}			0	dBm

系统发射功率：发送端第一个外部活动连接器上的输出平均功率，用 dBm 表示。

接收灵敏度：表示接收微弱光信号的能力。具体反映在保证一定误码率 BER(Bit Error Rate)条件下(通常 BER$<10^{-9}$)，光接收机所允许接收的最小光功率，用 dBm 表示。

系统动态范围：在保证一定误码率前提下(通常 BER$<10^{-9}$)，光接收机所允许接收的最大和最小光功率之差，用 dB 表示。当接收光功率增大到一定值，接收机前端放大器进入非线性工作区，继而发生饱和或过载使信号脉冲波形产生畸变，导致误码率劣化。

系统抖动特性：抖动是数字传输中的一种不稳定现象，即数字信号在传输过程中，脉冲在时间间隔上不再是等间隔的，而是随时间变化的。对标准时间位置的偏差，即接收数字信号的有效瞬间对于标准时间位置的偏差。

四、实验内容及步骤

准备工作：将实验设备设置在5B6B方式。

发送定时模块(J)：工作方式选择开关KJ02设置在右端(5B6B位置)。

5B6B编码模块(B)：输入数据选择开关KB01设置在左端(DT_SRC位置)。

光纤收发模块(E)：工作方式选择开关KE01设置在右端(5B6B位置)。

(一)发送平均光功率测试

设置：加扰模块(8)输入数据选择开关K801设置在下端(m位置)。

如图2-9-2所示，用尾纤连接光收、发模块UE02和功率计，分别测量实验系统A和B的输出光功率，将结果填入表2-9-2中。

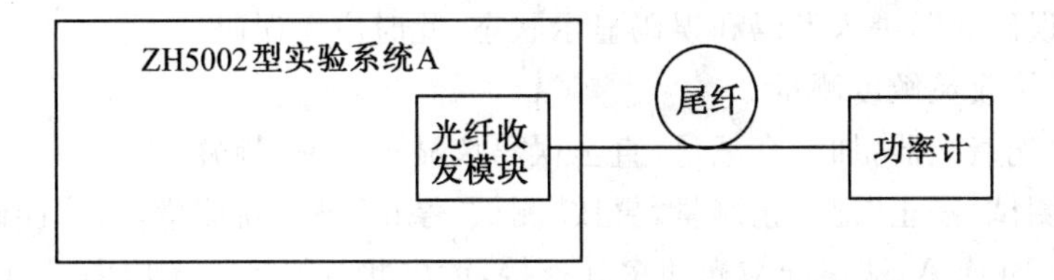

图2-9-2 输出功率测试连接图

表2-9-2 **输出光功率测试结果**

发射系统	波长(nm)	输出光功率(dBm)					平均值(dBm)
		1	2	3	4	5	
A							
B							

(二)光接收灵敏度测试

设置：加扰模块(8)输入数据选择开关K801设置在中端(DT_SYS位置)

如图2-9-3所示，在断电状态下将误码测试仪通过同步数据接口模块(F)与实验系统连接，两台实验系统之间接一可变光衰减器，将衰减器调至合适位置(如中间)。

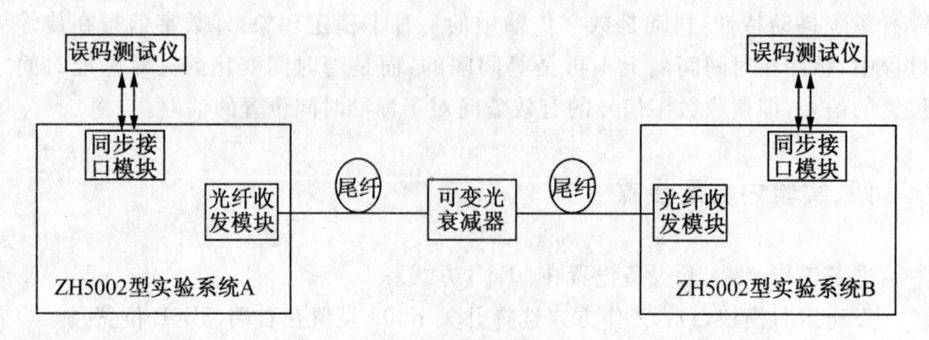

图 2-9-3　接收机灵敏度测试连接图

1. 误码仪操作

测量参数设置：

模式——连续。

码类——$2^{15}-1$ 或 $2^{21}-1$。

接口——外时钟，接口类型 RS422。

测试误码率：按“测试/停止”进入测试状态。

按“误码率”，进入发码和误码显示状态，此时应无误码。

2. 光接收灵敏度测量

调整光衰减器，加大衰减量，直至误码仪显示出现误码。

按“测试/停止”键停止测量，再按“测试/停止”键重新测量，读取误码率。

断开 B(或 A)端尾纤与光功率计连接，读出此时的接收光功率，该功率为刚开始出现误码的临界点，记录测量数据并填入表 2-9-3 中。

表 2-9-3　　接收灵敏度测试结果

接收系统	波长(nm)	接收灵敏度(dBm)					平均值(dBm)
		1	2	3	4	5	
A							
B							

(三)光接收机动态范围测试

测试连接与光接收灵敏度测试一样。

最小光功率测量：和前面完全一样，得出 P_{min}。

最大光功率测量：类似最小光功率测量，从无误码开始。调整光衰减器，减小衰减量，直至误码仪显示出现误码。按“测试/停止”键停止测量，再按“测试/

停止"键重新测量，读取误码率。断开 B(或 A)端尾纤与光功率计连接，读出此时的接收光功率，该功率为刚开始出现误码的临界点，即最大光功率，与前面测量的最小光功率比较，即可得出动态范围，记录测量数据并填入表 2-9-4 中。

表 2-9-4　接收机动态范围测试结果

接收系统	波长(nm)	最大光功率 P_{max}(dBm)	最小光功率 P_{min}(dBm)	动态范围(dB)
A				
B				

(四)光链路故障告警功能验证

当光纤链路中断，光终端机将给出一个告警指示信号。

按图 2-9-3 连接设备，将光衰减器调至一个合适位置后给设备加电。

断开光纤链路任一端口，观测光纤收发模块(E)光功率信号检测指示绿灯 DE01 是否熄灭，给出告警信息，将结果填入表 2-9-5 中。

表 2-9-5　通信链路中断告警功能验证结果

光纤链路	光功率信号检测指示绿灯 DE01 状态
闭合	
断开	

(五)接收光信号告警门限电平测量

当光纤链路的衰减过大，接收信号过低，造成通信不可靠时，光终端机给出告警信号，DE01 熄灭，测量此时的光功率，即为信号告警门限电平，将结果填入表 2-9-6 中。

表 2-9-6　信号告警门限电平测量结果

接收系统	波长(nm)	信号告警门限电平
A		
B		

(六)抖动测试

设置：加扰模块(8)输入数据选择开关 K801 设置在上端(DT 位置)。如图

2-9-4 所示，衰减器调至合适位置(如中间)。用示波器同时观测发送端 5B6B 编码模块输出时钟 TPB04 波形(作为示波器同步触发信号)和接收端接收定时模块的接收恢复时钟 TPD06 的波形，读取抖动变化范围，将结果填入表 2-9-7 中。

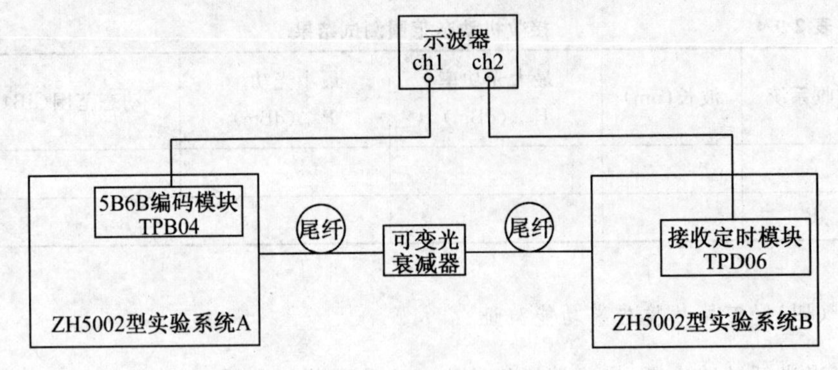

图 2-9-4　抖动测试连接图

表 2-9-7　　**抖动测量结果**

接收系统	波长(nm)	抖动变化(ns)
A		
B		

五、实验结果分析及处理

分析总结实验结果。

实验十　光分路器和波分复用器性能测量实验

一、实验目的

(1)了解光分路器的各种特性及性能指标。

(2)熟悉光分路器的应用方法。

(3)了解 WDM 器件的各种特性。

(4)熟悉 WDM 器件的应用方法。

二、实验仪器

ZH5002 型光纤通信原理综合实验系统两台、光功率计一台、WDM 波分复用器两台、1310nm 光分路器/1550nm 光分路器一台、光纤连接器两个。

三、实验原理

光分路器是光耦合器的一种,用于光信号的分路和合路,图 2-10-1 是最基本的 2×2 定向耦合器。

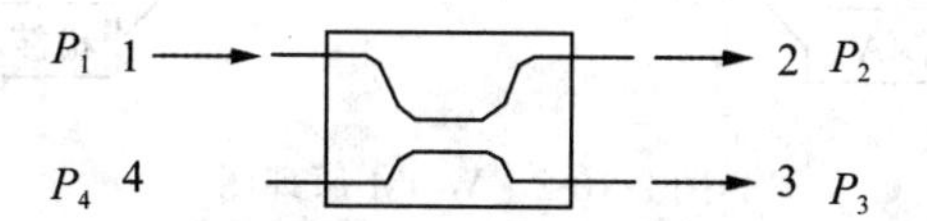

图 2-10-1　2×2 定向耦合器示意图

描述耦合器的性能参数有:

(1)插入损耗(Insertion Loss),表示特定的端口到另一端口路径的损耗,通常用 L 表示。如从输入端口 1 到输出端口 2 的插入损耗为:

$$L=-10\log\frac{P_2}{P_1}(\text{dB})=[P_1]_{\text{dBm}}-[P_2]_{\text{dBm}}$$

(2)隔离度(Degree of Isolation),由端 1 输入的光功率 P_1 应从端 2 和端 3 输出,端 4 理论上应无光功率输出,但实际上端 4 还是有少量光功率输出 P_4,

其大小就表示了 1、4 两个端口的隔离度。隔离度也叫"串话(音)干扰"(Crosstalk),常用 A 表示:

$$A_{1,4}=-10\log\frac{P_4}{P_1}(\text{dB})=[P_1]_{\text{dBm}}-[P_4]_{\text{dBm}}$$

一般要求:Add 大于 20dB。

(3)分光比(Splitting Ratio) 或耦合比(Coupling Ratio),两个输出端口的光功率之比,如从端 1 输入光功率,则端 2 和端 3 分光比为 $CR=P_2/P_3$,一般为 1∶(1～10)。另一表示方法是一个输出端的光功率和全部输出端的光功率总和的比,即:

$$CR=\frac{P_2}{P_2+P_3}\times 100\%$$

WDM (Wavelength Division Multiplexing) 技术就是为了充分利用单模光纤低损耗区带来的巨大的带宽资源,根据每一信道光波的频率(或波长)不同,可以将光纤的低损耗窗口划分成若干个信道,把光波作为信号的载波,在发送端采用波分复用器(合波器)将不同规定波长的光载波合并起来送入一根光纤进行传输;在接收端,再由一波分复用器(分波器)将这些不同波长、承载不同信号的光载波分开。由于不同波长的光载波信号可以看作互相独立的(不考虑光纤非线性时),从而在一根光纤中可实现多路光信号的复用传输。波分复用系统的原理图如图 2-10-2 所示。

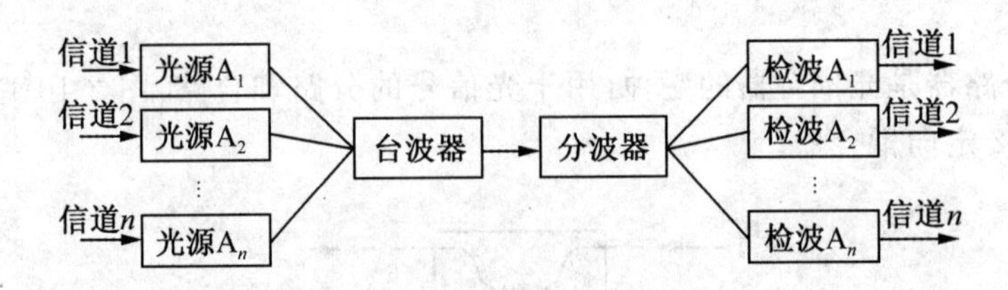

图 2-10-2　WDM 原理图

四、实验内容及步骤

准备工作:检查 ZH5002 型光纤通信原理综合实验系统的跳线器,使其处于默认状态。

设置:加扰模块(8)输入数据选择开关 K801 设置在下端(m 位置)。

(一)1310nm 光分路器性能测量

按图 2-10-3 连接测试设备。

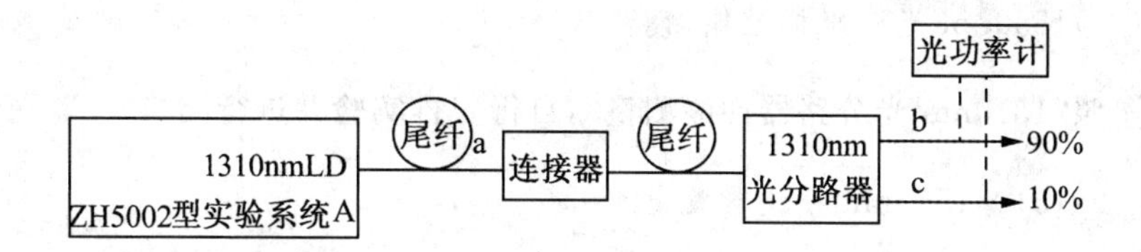

图 2-10-3 1310nm 光分路性能测试连接图

1. 主支路插入损耗测量

光分路器的输出端 b 为主支路。比较端口 a 和 b 的输出功率，即可得出主支路的插入损耗 $(L)_{\mathrm{dB}}=(P_{\mathrm{a}})_{\mathrm{dBm}}-(P_{\mathrm{b}})_{\mathrm{dBm}}$，将结果填入表 2-10-1 中。

表 2-10-1　　主支路插入损耗测量结果

发射系统	波长(nm)	输入功率 P_{a}(dBm)	输出功率 P_{b}(dBm)	插入损耗 L(dB)
A	1310			

2. 分光比测量

测量光分路器的两个输出端口 b 和 c 的输出功率，可得出分光比 $\mathrm{CR}=P_{\mathrm{b}}/(P_{\mathrm{b}}+P_{\mathrm{c}})$，将结果填入表 2-10-2 中。

表 2-10-2　　分光比测量结果

发射系统	波长(nm)	输出功率(μW)	总输出功率(μW)	分光比(%)
A	1310	$P_{\mathrm{b}}=$		
		$P_{\mathrm{c}}=$		

3. 波长特性测量

仅将测量光源改为 1550nm(使用另一实验箱，设置同前)，重复前两步实验内容，分析 1310nm 波长分路器使用在其他波长时的影响，将结果填入表 2-10-3 中。

表 2-10-3　　波长特性测量结果

输入功率 P_{a}(dBm)	输出功率 P_{b}(dBm)	插入损耗 L(dB)
输出功率(μW)	总输出功率(μW)	分光比(%)
$P_{\mathrm{b}}=$		
$P_{\mathrm{c}}=$		

(二)1550nm 光分路器性能测量

参照“1310nm 光分路器性能测量”，自行安排实验并进行测量。

(三)1310/1550nm 分波器测量

按图 2-10-4 连接测试设备。

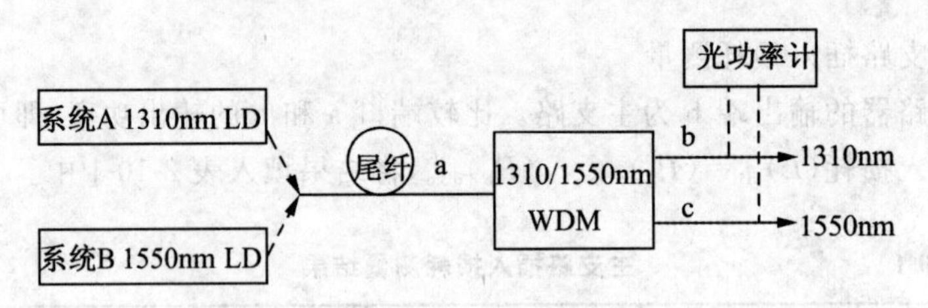

图 2-10-4　1310/1550nm 分波器测试连接图

1. WDM 器件插入损耗测量

以 1310nm LD 为输入光源，测量输出的功率 P_a 及从 WDM 输出端 b(1310nm)输出的 P_b，即可得出 1310nm 波长对 WDM 的插入损耗 $(L)_{dB}=(P_a)_{dBm}-(P_b)_{dBm}$。同样，改用 1550nm LD 光源，测量 P_a 和 P_c，即可得出 1550nm 波长对 WDM 的插入损耗 $(L)_{dB}=(P_a)_{dBm}-(P_c)_{dBm}$，将结果填入表 2-10-4中。

表 2-10-4　　WDM 器件插入损耗测量结果

发射系统	波长(nm)	输入功率(dBm)	输出功率(dBm)	插入损耗 L(dB)
A	1310	$P_a=$	$P_b=$	
B	1550	$P_a=$	$P_c=$	

2. WDM 器件隔离度测量

以 1310nm LD 为光源，测量端 b(1310nm)和端 c(1550nm)的输出功率 P_b 和 P_c，即可得出 WDM 器件对 1310nm 波长的隔离度 $(L)_{dB}=(P_b)_{dBm}-(P_c)_{dBm}$。同样，改用 1550nm LD 为光源，测量 P_b 和 P_c，即可得出 WDM 对 1550nm 波长的隔离度，将结果填入表2-10-5中。

表 2-10-5　　WDM 器件隔离度测量结果

发射系统	波长(nm)	输出功率(dBm)	输出功率(dBm)	隔离度 L(dB)
A	1310	$P_b=$	$P_c=$	$P_b-P_c=$
B	1550	$P_b=$	$P_c=$	$P_c-P_b=$

(四)1310/1550nm 合波器测量

按图 2-10-5 连接测试设备。

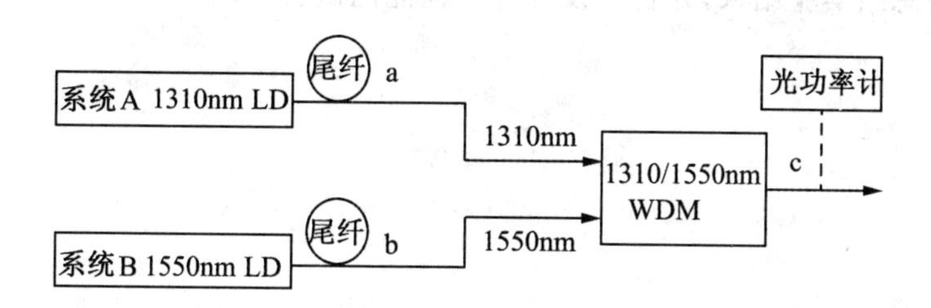

图 2-10-5　1310/1550nm 合波器测试图

1. WDM 器件插入损耗测量

以 1310nm LD 为输入光源,测量输出的功率 P_a,然后将 1310nm 信号从 WDM 的 1310nm 输入端口送入 WDM 器件,测量输出 P_c,即可得出 WDM 对 1310nm 波长的插入损耗 $(L)_{dB}=(P_a)_{dBm}-(P_c)_{dBm}$。同样,改用 1550nm LD 光源,测量 P_b 和 P_c,即可得出 WDM 器件在 1550nm 波长时的插入损耗 $(L)_{dB}=(P_b)_{dBm}-(P_c)_{dBm}$,将结果填入表 2-10-6 中。

表 2-10-6　　WDM 器件插入损耗测量结果

发射系统	波长(nm)	输入功率(dBm)	输出功率(dBm)	插入损耗 L(dB)
A	1310	$P_a=$	$P_c=$	
B	1550	$P_b=$	$P_c=$	

2. 光功率叠加性测量

同时将 1310nm LD 和 1550nm LD 输出送入 WDM 对应的输入端口,测量 P_a、P_b 和 P_c,观察合波器 WDM 是否满足功率线性叠加特性,将结果填入表 2-10-7中。

表 2-10-7　　WDM 器件功率叠加测量结果

发射系统	波长(nm)	输出功率(μW)	P_a+P_b	输出功率(μW)
A	1310	$P_a=$		$P_c=$
B	1550	$P_b=$		

五、实验结果分析及处理

分析总结实验结果，并自行设计一个性能测试实验。

第三部分　信息光学实验

实验一　分辨率板直读法测量光学系统分辨率实验

一、实验目的

(1)加深对采用分辨率法评价成像质量的理解。
(2)掌握光学系统分辨率的测量原理和实验方法。
(3)测量不同光学透镜或镜头的分辨率,并分析造成分辨率差异的原因。

二、实验仪器

CMOS 相机、变焦镜头、透镜、USAF1951 分辨率板、背光源、计算机等。

三、实验原理

由于光本质上是一种电磁波,而为了研究问题的方便,一般的光学系统大都是由一些圆形的透镜或光阑等光学元件组成,所以一个发光物点经过光学系统成像时,由于衍射效应的存在,所成的像已不再是一个点,而是一个衍射像斑。由圆孔衍射理论可知,得到的是一个爱里斑。也就是说,在无像差的理想情况下,由于光衍射现象的存在,一个理想的点光源,即使经过理想透镜也不能成为一个点像,而是一个弥散光斑,即爱里斑。如果有两个发光物点,则经过光学系统后形成两个亮斑。根据瑞利判据,能分辨的两个等亮度点间的距离为对应的爱里斑的半径,即一个亮点衍射图案的中心与另一个亮点衍射图案的第一暗环重合时,这两个物点则恰好能被分辨(见图 3-1-1)。这时在两个衍射图案光强分布的叠加曲线中有两个极大值和一个极小值,其极大值与极小值之比为 1∶0.735,这与光能接收器(如眼睛或照相底版)能分辨的亮度差别相当。如果两个亮斑中心之间的距离大于爱里斑的半径,则两个点肯定是能被接收器分开的，但若两个亮点靠得更近，则光能接收器就不能再分辨出它们是分开的两个点了（见图 3-1-2）。

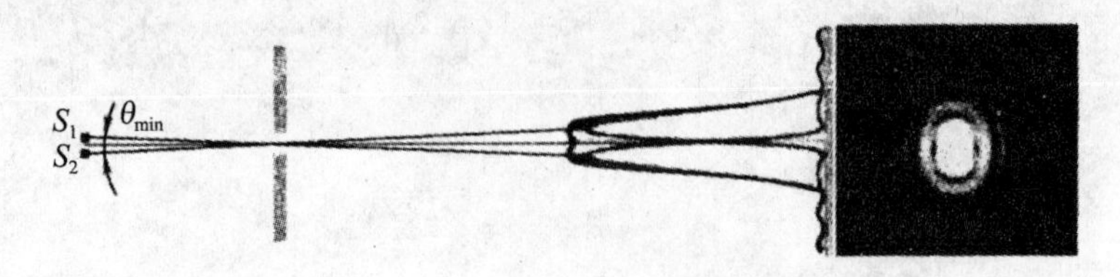

图 3-1-1　两个点恰能被分辨的情况

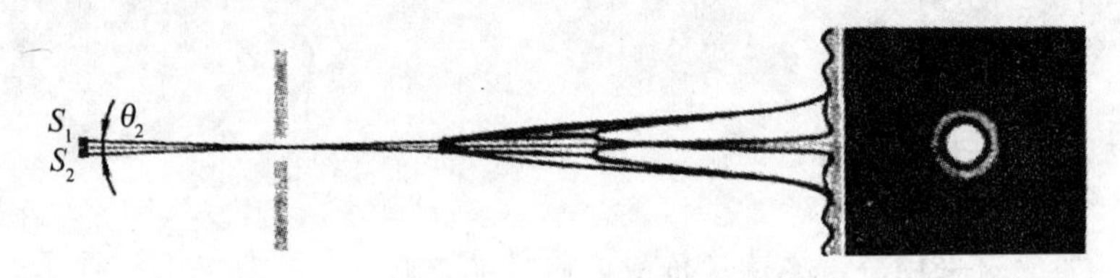

图 3-1-2　两个点不能被分辨的情况

在对分辨率要求非常高的情况下，爱里斑对分辨率的影响就不可忽视了。爱里斑的大小与光的波长和通光孔径有关。由理论推导可知，爱里斑的半角宽满足 $\sin\theta=1.22\dfrac{\lambda}{D}$，其中 λ 是光的波长，D 是通光孔径的直径。根据光的衍射理论和瑞利判据，在无像差的条件下，镜头的分辨率仅与镜头的相对孔径有关，若以能分辨的两点间距离来表示，则有：

$$s=1.22\frac{\lambda}{D}f' \tag{3-1-1}$$

其中，f' 为镜头焦距。镜头的分辨率通常用每毫米所能分辨的线对数 N_1 来表示，则有：

$$N_1=\frac{1}{s}=\frac{\dfrac{D}{f}}{1.22\lambda} \tag{3-1-2}$$

在一个固定的平面内，分辨率越高，意味着可使用的点数越多，成像质量就会越好，这是判断镜头好坏的一个重要指标。镜头分辨率一般用单位距离内能分辨的线对数（如每毫米线对数：C/mm）来表示。以往对镜头分辨率的测量，都是利用目视镜头，通过系统观察分辨率板，由人眼来区分是否可以分辨。但是这种方法存在一定的不足之处，主要表现在两个方面：一是该方法易受人为因素影响，不同的测试人员可能会有不同的视觉感受，在相同的测试条件下，往往会获得不同的测试结果；二是该方法易使测试人员的眼睛疲劳，工作强度大。

针对上述问题，本实验对传统光学系统分辨率的测量技术进行了改进，由相机采集图像代替直接的目视。实验光路示意图如图 3-1-3 所示，用白色背景光源照亮分辨率板，通过调节透镜和 CMOS 相机的相对位置，利用 CMOS 相机接收 USAF1951 分辨率板的清晰像，并通过软件把该像采集保存到计算机内。通过读取计算机内存储的分辨率板的像，找出能够区分的最小的线组来获得该透镜(或透镜组)的分辨率。

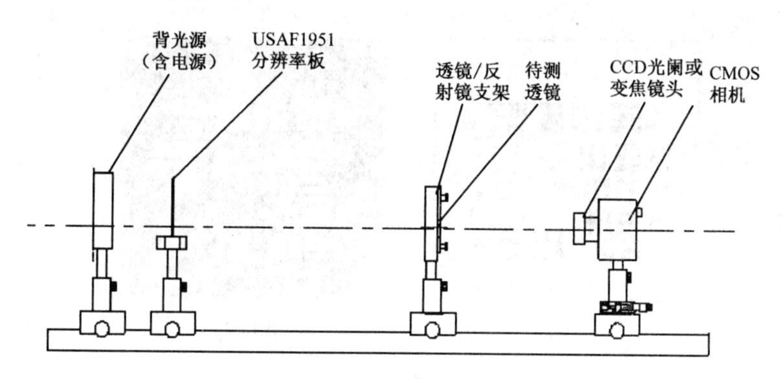

图 3-1-3　实验光路示意图

值得注意的是，系统的分辨率是一个整体概念，它由镜头分辨率和 CCD/CMOS 芯片的分辨率两部分组成。设镜头的分辨率为 N_1，CCD/CMOS 芯片的分辨率为 N_p，则系统的分辨率 N 可表示为：

$$\frac{1}{N}=\frac{1}{N_1}+\frac{1}{N_p} \tag{3-1-3}$$

其中，CCD/CMOS 芯片的分辨率 N_p 可以根据它的像元大小计算得到。光学系统分辨率的测量就是根据上述原理，将分辨率板作为目标物放在物平面位置。计算机通过 CCD/CMOS 采集被测镜头像平面上的分辨率板的像，又通过图像处理技术和 CCD/CMOS 芯片像元的大小，分析所得图像的灰度分布，从而以刚能分辨开两线之间的最小距离 s(mm)的倒数为系统分辨率 N，从而可以算出镜头分辨率 N_1。

分辨率板广泛应用于光学系统的分辨率、景深、畸变的测量及机器视觉系统的标定中。本实验所用的是 USAF1951 分辨率板，是于 1951 年根据 MIL-STD-150A 标准设计的分辨率测试图案。尽管该标准已于 2006 年取消，但是这种测试图案仍广泛地被应用于测试光学成像系统(如显微镜和相机)的分辨能力。

一般分辨率板内包括几组由三条短线构成的组合，短线的尺寸从大到小，通常 MIL-STD-150A 格式包括 3 层共 6 组图案(见图 3-1-4)。最大组构成第一层，位于外围，更小层图案形状不变，从外围向中心逐步缩小；每组包含 6 个图元，以数字 1 至 6 编号；在同一层中，奇数组从右上角开始，其图元从上至下按 1 至 6 排列，偶数组的第一个图元在该层的右下角，其余图元在左侧从上至下按 2 至 6 排列。根据曝光方式的不同，分辨率板可以分为正片和负片。如果图案不透光、背景透光(即掩膜层镀在图案上)，则为正片；相反，如果背景不透光、图案透光(即掩膜层镀在背景上)，则为负片。本实验所用为正片，如图 3-1-4 图案所示。

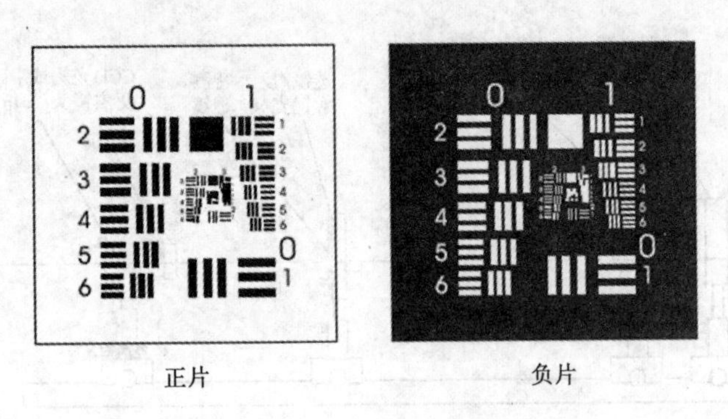

图 3-1-4　USAF1951 分辨率板

短线的等级与尺寸如图 3-1-4 所示，不同的分辨率单元对应着图片上不同的组号和单元号(图无序数)，成像系统无法辨明的最大短线组即为其分辨能力的极限。实验中，采集完分辨率板的清晰像之后，可以通过对图像进行适当的放大，从而找出横线和竖线都能同时区分开的最小线组，读取该极限组对应的组号和单元号。可以代入分辨率计算式，计算求得系统的分辨率。

$$分辨率 = 2^{\left(组序数 + \frac{图元号-1}{6}\right)}$$

也可以通过查 USAF1951 系列分辨率对照表，直接获得成像系统的分辨率。

表 3-1-1　　USAF1951 分辨率对照表

单元号		组号											
		−2	−1	0	1	2	3	4	5	6	7	8	9
1	线对数 (C/mm)	0.250	0.500	1.00	2.00	4.00	8.00	16.00	32.0	64.0	128.0	256.0	512.0
	线宽 (μm)	2000	1000.0	500.00	250.00	125.00	62.50	31.25	15.63	7.81	3.91	1.95	0.98
2	线对数 (C/mm)	0.280	0.561	1.12	2.24	4.49	8.98	17.95	36.0	71.8	144.0	287.0	575.0
	线宽 (μm)	1782	890.90	445.45	222.72	111.36	55.68	27.84	13.92	6.96	3.48	1.74	0.87

续表

单元号		组号											
		−2	−1	0	1	2	3	4	5	6	7	8	9
3	线对数(C/mm)	0.315	0.630	1.26	2.52	5.04	10.10	20.16	40.3	80.6	161.0	323.0	645.0
	线宽(μm)	1587	793.7	396.85	198.43	99.21	49.61	24.80	12.40	6.20	3.10	1.55	0.78
4	线对数(C/mm)	0.353	0.707	1.41	2.83	5.66	11.30	22.62	45.3	90.5	181.0	362.0	724.0
	线宽(μm)	1414	707.11	353.55	176.78	88.39	44.19	22.10	11.05	5.52	2.76	1.38	0.69
5	线对数(C/mm)	0.397	0.793	1.59	3.17	6.35	12.70	25.39	50.8	102.0	203.0	406.0	813.0
	线宽(μm)	1260	629.96	314.98	157.49	78.75	39.37	19.69	9.84	4.92	2.46	1.23	0.62
6	线对数(C/mm)	0.445	0.891	1.78	3.56	7.13	14.30	28.50	57.0	114.0	228.0	456.0	913.0
	线宽(μm)	1122	561.23	280.62	140.31	70.15	35.08	17.54	8.77	4.38	2.19	1.10	0.55

注：C(cycle)为周期，即分辨率为 2C/mm 表示每毫米包括 2 个周期、4 条线(2 黑 2 白)，则每条线的宽度 $W=0.25$mm。

四、实验内容及步骤

(1)按照图 3-1-3 所示光路示意图，安装好实验平台上各部件，其中光源仅打开背光源，CMOS 相机前安装变焦镜头。

(2)打开实验软件程序，选择“采集模块”，单击“采集图像”，利用软件观察 CMOS 相机采集图像的效果，调整 CMOS 相机参数以获得最佳图像效果，将分辨率板 USAF1951 水平地放在背光源上面，然后水平和垂直调节 CMOS 夹持器，使 CMOS 对准分辨率板，观察所成像是否清晰，并调节夹持器，使夹持器的垂直轴上下移动，直至所成像最清晰。

(3)点击“保存图像”，将所成清晰图像保存。

(4)分析得到的图像，可以通过缩小或者放大图片的方式，找到横线和竖线能同时被区分的最小一组线，记下它的组号和单元号，通过表 3-1-1 的分辨率对照表可以直接查到对应元件的分辨率，并把得到的结果填入表 3-1-2 中。

(5)将变焦镜头小心卸下放好，在 CMOS 相机前面安装 CCD 光阑，放置透镜支架及待测透镜，重复前面四步的步骤，得出不同曲率半径和焦距的透镜及双胶合透镜的分辨率，填入表 3-1-2 中。

表 3-1-2　　实验结果

待测物体(mm)	测量次数	系统分辨率(C/mm)
普通镜头	1	
	2	
∅25 F100	1	
	2	
∅40 F200	1	
	2	
双胶合 ∅30　F50	1	
	2	

(6)根据测量结果，比较各成像透镜/镜头分辨率的大小，试分析其原因。

(7)注意事项：

①背光源的电源每次用完之后，都要调整到最暗的情况下关闭电源。

②实验过程中采集图片时，要注意分辨率板与透镜之间的距离不能太大，也不要太小，最好保持在两倍透镜焦距距离处比较合适。

实验二 基于线扩散函数测量光学系统MTF值实验

一、实验目的

(1)加深对采用光学传递函数法评价光学系统成像质量的理解。
(2)掌握光学调制传递函数测量的原理与方法。

二、实验仪器

平行光管、待测透镜组、导轨、滑块、CMOS相机、成像光阑、计算机等。

三、实验原理

调制传递函数(Modular Transfer Function,MTF)是信息光学领域引入的概念。光学成像系统作为最基本的光学信息处理系统,可以用来传递二维图像信息。对于一个给定的光学系统,输入图像所包含的信息经过光学系统后,输出的图像信息取决于光学系统的传递特性。由于光学系统是线性系统,而且在一定条件下还是线性空间不变系统,因此,可以沿用通信理论中的线性系统理论来研究光学成像系统性能。对于相干与非相干照明下的衍射受限系统,可以分别给出它们的本征函数,把输入信息分解为由这些本征函数构成的频率分量的线性组合。通过考察每个空间频率分量经过系统后的振幅衰减和相位变化情况,就可以得出系统的空间频率特性,即传递函数。这是一种全面评价光学系统传递光学信息能力的方法,当然也可以用来评价光学系统的成像质量。与传统的光学系统成像质量评价方法(如分辨率法)相比,采用光学传递函数方法评价光学系统成像能力更加全面,且不依赖于观察个体的区别,评价结果更加客观,有着明显的优越性。特别是随着近年来微型计算机及高精度光电测试工具的发展,测量光学传递函数的方法日趋完善,已成为光学成像系统频谱分析理论的一种重要应用。

MTF是瑞典哈苏公司制定的反映镜头成像质量的一个测试参数,它反映的是镜头对现实世界的再现能力。这是一个复杂的测试体系,是对镜头的锐度、反差和分辨率进行综合评价的数值。对于一个平面黑(白)色物体,它的线对频率是0。此时,任何一个最简易的镜头都可以完整地体现出这一反差,即MTF值等于1。而对于纯黑和纯白相间的线条(反差为100%)来说,随着线对频率的提高,通过镜头表现的反差就相应减少(反差小于100%)。当频率达到一个很高的数值时(例如1000C/mm),则任何镜头也只能把它们记录成一片灰色,此时镜头的MTF值就接近于0。因此,MTF值是一个界于0到1之间的数值,该值越大(越接近1),说明镜头还原真实的能力越强。

对于一个线性或可近似看作线性的光学成像系统,当一个点光源在物方移动时,如果点光源的像只随着物点的移动改变其位置,而不改变其函数形式,则认为此成像系统是空间不变的。一般的光学系统成像都可以近似认为满足线性条件和空间不变性条件,这种系统对脉冲响应的傅立叶变换即是空间频率的传递函数。

点扩展函数(Point Spread Function,PSF)、线扩展函数(Line Spread Function,LSF)和边缘扩展函数(Edge Spread Function,ESF)是与MTF密切相关的几个重要概念,常用的MTF测试方法正是基于这几个函数之间的关系进行计算的。

PSF是点光源成像的强度分布函数。用一个二维Delta函数$\delta(x,y)$作为理想的输入点源函数,假设图像接收器是连续采样,即不用考虑有限大小的像素或有限的采样距离,则点物经过系统后的二维的图像强度分布就是强度脉冲响应$h_{\mathrm{I}}(x,y)$,也称为"点扩散函数PSF"。由光学传递函数的定义可知,MTF可以通过对PSF的二维傅立叶变换进行归一化后取模得到,即:

$$\mathrm{MTF}(u,\nu)=\left|\frac{\iint_{-\infty}^{+\infty} h_{\mathrm{I}}(x,y)\exp[-\mathrm{i}2\pi(xu+y\nu)]\mathrm{d}x\mathrm{d}y}{\iint_{-\infty}^{+\infty} h_{I}(x,y)\mathrm{d}x\mathrm{d}y}\right| \tag{3-2-1}$$

PSF是表征成像系统最有用的特征,理论上也是获取MTF的一种方法,而且一次测试可以同时得到子午和弧矢两个方向的MTF。但在实际应用中,由于点光源能提供的能量比较弱,获得理想的点光源也比较困难,而且进行二维光学传递函数的计算又较为繁琐,所以很少应用。常用的方法是利用狭缝像代替星点像,从而获得线扩散函数及其在一维方向上的光学传递函数。

设光源沿y方向延伸形成一维光源,其上各发光点不相干,则狭缝目标物可以看成在y方向为常量1、以x为变量的Delta函数。线光源可以表示为:

$$f(x,y)=\delta(x) \tag{3-2-2}$$

通过系统后,线光源上的每个发光点都在像平面上产生一个PSF,这些线性排列的PSF在单一方向上产生叠加,即光学系统所成的像可以看成是系统对无数个点物成像以后，再由这些所成的点像按照强度进行叠加的结果。此时在像平面上获得的图像强度分布 $g(x,y)$ 就是线扩展函数 LSF，它与狭缝目标物的函数形式一样，是一个只与空间变量 x 相关的函数，可以表示为：

$$g(x,y)=h_{\mathrm{L}}(x) \tag{3-2-3}$$

LSF 也是光学成像系统脉冲响应函数与线光源分布函数的二维卷积：

$$h_{\mathrm{L}}(x)=f(x,y)^{*}h_{\mathrm{I}}(x,y)=\delta(x)^{*}h_{\mathrm{I}}(x,y) \tag{3-2-4}$$

代入卷积运算，得线扩展函数为：

$$h_{\mathrm{L}}(x)=\iint_{-\infty}^{+\infty}h_{\mathrm{I}}(\alpha,y)\delta(x-\alpha)\mathrm{d}\alpha\mathrm{d}y=\int_{-\infty}^{+\infty}h_{\mathrm{I}}(x,y)\mathrm{d}y \tag{3-2-5}$$

MTF 可以通过对 LSF 的一维傅立叶变换进行归一化后取模得到：

$$\mathrm{MTF}(u)=\left|\frac{\int_{-\infty}^{+\infty}h_{\mathrm{L}}(x)\exp[-\mathrm{i}2\pi ux]\mathrm{d}x}{\int_{-\infty}^{+\infty}h_{\mathrm{L}}\mathrm{d}x}\right| \tag{3-2-6}$$

按照共轭方式的不同，调制传递函数 MTF 的测试方法可以分为有限共轭和无限共轭两种系统，如图 3-2-1 所示。有限共轭系统是指把物体放在待测镜头前面一个有限的距离处、在待测镜头后面一个有限的距离处形成物体的实像，比如照相放大镜头、超近摄像镜头、光纤面板、显像管和影印镜头等都属于有限共轭透镜的实例。对于有限共轭系统，放大率等于图像高度除以物体高度。要进行有限共轭测量，需将光源放置在离待测装置有限距离处，并要知道测试时的物距和像距，以精确计算物体按照几何光学理论换算到像平面的尺寸，作为物频谱计算的依据。无限共轭系统则需要首先用准直仪将目标物呈现在待测镜头上，像平面上获得的图像的尺寸可以由物体宽度、准直仪焦距和待测镜头焦距计算。本实验就是采用无限共轭方式测量系统的光学传递函数的 MTF 的。

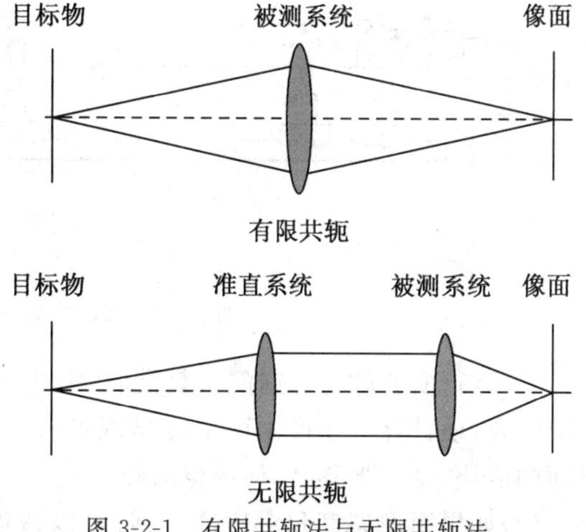

图 3-2-1　有限共轭法与无限共轭法测量 MTF 的光学系统

狭缝法测量 MTF 的原理就是采用狭缝对一个被测光学系统成像，对于采集到的带有原始数据和噪声的图像信号数字化，然后进行去噪处理，再对处理过的 LSF 进行傅立叶变换取模得到包括目标物在内的整个系统的 MTF，最后对影响因素进行修正得到最终被测系统的 MTF。对于无限共轭光学系统，影响 MTF 测量值的因素主要包括目标狭缝、准直系统、中继物镜和 CCD 各部分本身的 MTF，而对于有限共轭光学系统，其影响因素则主要是狭缝和 CCD 的影响。

四、实验内容及步骤

(1)参照图 3-2-2 所示的光路示意图，将平行光管、待测透镜和 CMOS 相机放置在导轨滑块上，调节所有的光学器件，使其共轴。打开平行光管光源，CMOS 相机前装配成像光阑，通过数据线与计算机相连。

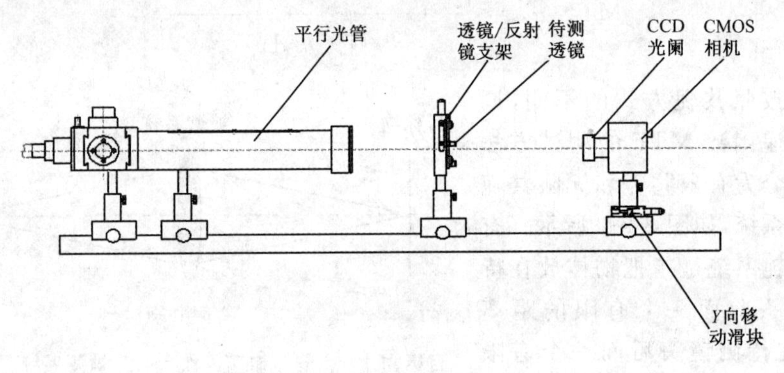

图 3-2-2　实验光路示意图

(2)运行实验软件，选择“采集模块”中的“采集图像”菜单，调整相机和透镜间的距离，使计算机图像画面上能出现平行光管中分划板的像，此时固定相机下面的滑块，微调平移台，使成像清晰。

(3)如果图像亮度和对比度不够，可以适当调节软件采集模块的增益和曝光时间。当图像调节合适后，先点击“停止采集”，然后点击“保存图像”，将图片保存在计算机中。

(4)选择软件中的“MTF 测量”模块，点击“读图”读入刚保存的线对图，如图 3-2-3 所示。

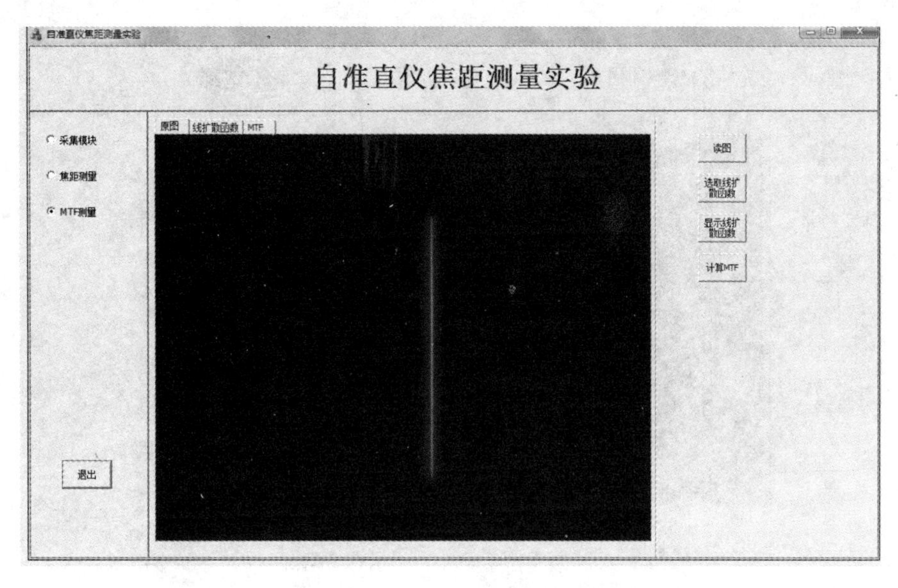

图 3-2-3　读入狭缝图

(5)点击“选取线扩散函数”菜单,将鼠标移至一段狭缝的中心,点击左键,则会出现一个红色的矩形框,如图 3-2-4 所示。

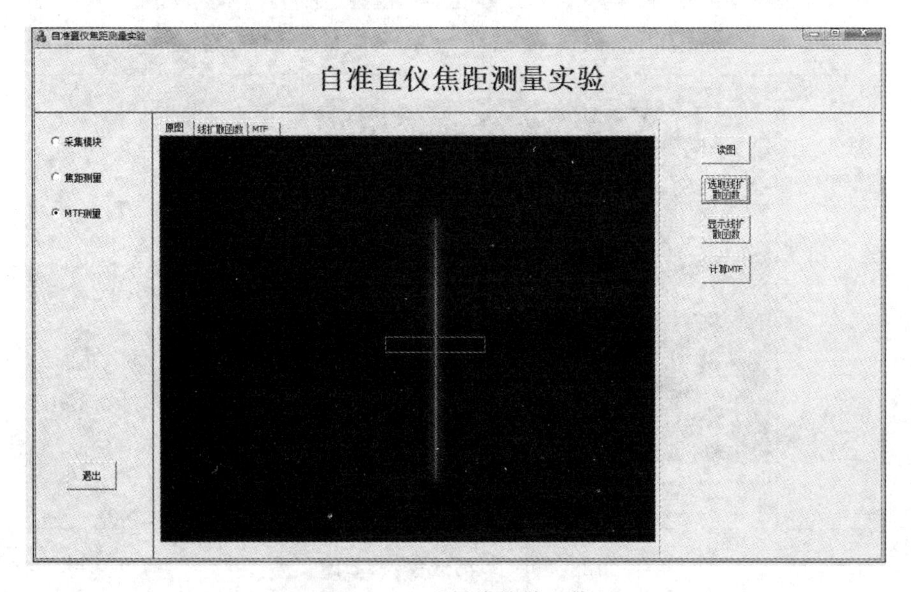

图 3-2-4　选择线扩散函数

(6)点击“显示线扩散函数”菜单,则可以得到红色矩形框中狭缝图案的线性扩散函数图,如图 3-2-5 所示。

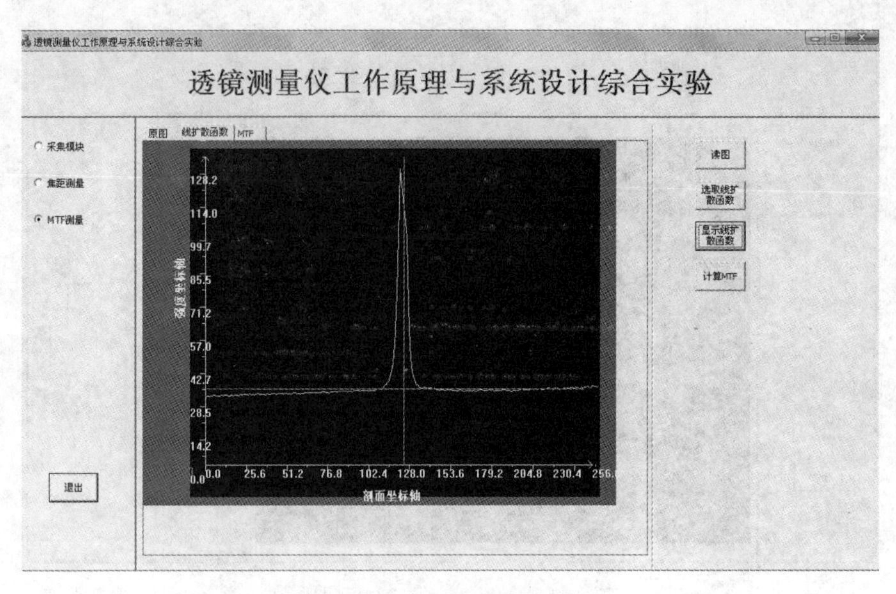

图 3-2-5　线扩散函数图

(7)点击“计算 MTF”,便可得到被测透镜的 MTF 图,如图 3-2-6 所示。

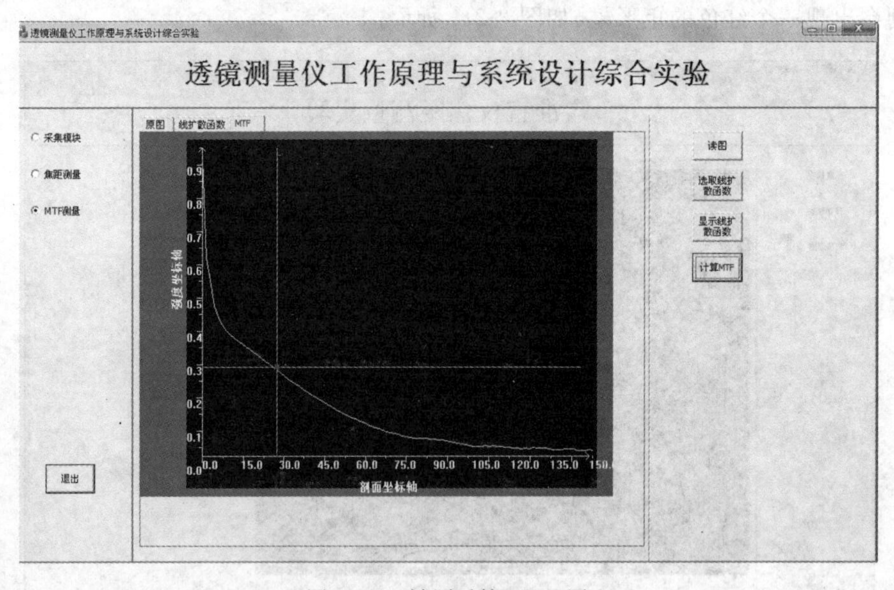

图 3-2-6　被测透镜 MTF 图

(8)按照前面步骤重复操作,以测量不同曲率半径透镜和双胶合透镜的MTF,并与实验一中用分辨率方法得到的评价结果进行比较,分析其结论相同或者不相同的原因。

实验三　信息光学实验

一、实验目的

(1)掌握数字全息的实验原理和方法。

(2)熟悉空间光调制器的工作原理和调制特性。

(3)通过实验理解数字记录、光学记录、数字再现、光学实时再现的概念。

二、实验仪器

He-Ne 激光器、可调光阑、CMOS 数字相机、空间光调制器、分光光楔、空间滤波器、可调衰减片、反射镜、计算机等。

三、实验原理

物光波的信息包括光波的振幅和相位，然而现有的记录介质均只能记录光强，因此，必须把相位信息转换为强度信息，以记录下物光波的所有信息。全息技术就是利用光的干涉原理，首先将物体发射的光波波前以干涉条纹的形式记录下来，从而达到冻结物光光波的相位信息，并将空间相位调制转化为空间强度调制的目的。然后利用光的衍射原理再现所记录的物光波的波前，这样，就能够得到物体所发射的光波的振幅(强度)和位相(包括位置、形状和色彩)信息。所以，全息技术目前在光学检测和三维成像领域具有独特的优势。

传统的全息术一般采用卤化银、重铬酸盐明胶(DCG)和光致抗蚀剂等材料制作记录干板，通过使用不同浓度、温度的药液，经过显影和定影，记录下物体的信息。记录过程对环境的要求非常较高，冲洗(化学湿处理)过程也存在一定的安全隐患，而且实验结果也不方便进行二次开发，所以限制了其在实际测量中的广泛应用。1967 年，Goodman 和 Lawrence 提出了数字全息技术，其基本原理是用光敏电子成像器件(高精度 CMOS 相机)代替传统全息记录材料来记录全息图，降低了对环境(暗室、防震)的要求，免去了冲洗的安全隐患。用计算机模拟和空间光调制器件(SLM)取代光学衍射来实现所记录波前的数字再现，可以对数据进行二次开发，如滤波、存储、传输、加密安全等，从而实现了全息记录、存储和再现全过程的数字化，拓展了全息的应用领域，给全息技术的发展和应用增加了新的内容和方法，使经典光学再现现代风采。

与传统光学全息技术相比，数字全息技术的优点主要体现在以下几个方面：

首先，由于用 CCD 等图像传感器件记录数字全息图的时间比用传统全息记录材料记录全息图所需的曝光时间短得多，因此，它能够用来记录运动物体的各个瞬间状态，其不仅没有繁琐的化学湿处理过程，记录和再现过程也比传统光学全息方便快捷。

其次，由于数字全息可以直接得到记录物体再现像的复振幅分布，而不是光强分布，被记录物体的表面亮度和轮廓分布都可通过复振幅直接得到，因而可方便地用于实现多种测量。

最后，由于数字全息采用计算机数字再现，可以方便地对所记录的数字全息图进行图像处理，减少或消除在全息图记录过程中的像差、噪声、畸变及记录过程中 CCD 器件的非线性等因数的影响，便于进行测量对象的定量测量和分析。

（一）数字全息技术的波前记录和数值重现过程

1. 数字全息图的获取

将参考光和物光的干涉图样直接投射到光电探测器上，经图像采集卡获得物体的数字全息图，并将其传输、存储在计算机内。

2. 数字全息图的数值重现

本部分完全在计算机上进行，需要模拟光学衍射的传播过程，一般需要数字图像处理和离散傅立叶变换的相关理论，这是数字全息技术的核心部分。

3. 重现图像的显示及分析

输出重现图像并给出相关的实验结果及分析。

（二）数字全息图的记录

图 3-3-1 给出了数字全息图记录和重现的结构及坐标系的示意图。物体位于 xOy 平面上，与全息平面 $x_HO_Hy_H$ 相距 d，即全息图的记录距离为 d，物体的复振幅分布为 $u(x,y)$。数字相机位于 $x_HO_Hy_H$ 面上，$i_H(x_H,y_H)$ 是物光和参考光在全息平面上的干涉光强分布。$x'O'y'$ 面是数值重现的成像平面，与全息平面相距 d'，d' 也称为“重现距离”。$u(x',y')$ 是重现像的复振幅分布，因为它是一个二维复数矩阵，所以可同时得到重现像的强度和相位分布。

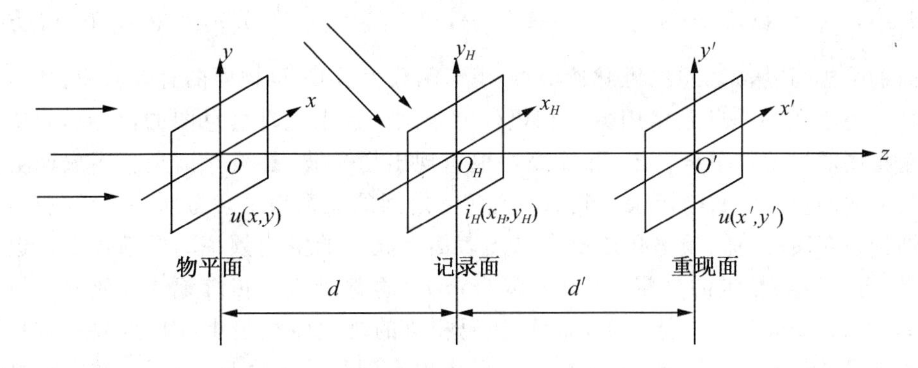

图 3-3-1　数字全息图记录和重现的结构及坐标系示意图

设位于 xOy 平面的物光场分布为 $u(x,y)$，其传播到全息平面 $x_HO_Hy_H$ 面记为：

$$O(x_H,y_H)=A_0(x_H,y_H)\exp[j\varphi_0(x_H,y_H)] \tag{3-3-1}$$

其中，$A_0(x_H,y_H)$ 和 $\varphi_0(x_H,y_H)$ 分别为物光波在全息平面处的振幅和相位分布。将到达全息平面上的参考光波记为：

$$R(x_H,y_H)=A_r(x_H,y_H)\exp[j\varphi_r(x_H,y_H)] \tag{3-3-2}$$

其中，$A_r(x_H,y_H)$ 和 $\varphi_r(x_H,y_H)$ 分别为参考光在全息平面处的振幅和相位分布。则 $x_HO_Hy_H$ 面上全息图的强度分布为：

$$i_H(x_H,y_H)=|O(x_H,y_H)+R(x_H,y_H)|$$

将式(3-3-1)和式(3-3-2)代入上式可得：

$$\begin{aligned}i_H(x_H,y_H)=&|A_0(x_H,y_H)|^2+|A_r(x_H,y_H)|^2+O(x_H,y_H)R^*(x_H,y_H)\\&+O^*(x_H,y_H)R(x_H+y_H)\\=&|A_0(x_H,y_H)|^2+|A_r(x_H,y_H)|^2+2A_0(x_H,y_H)A_r(x_H,y_H)\\&\cos[\varphi_0(x_H,y_H)-\varphi_r(x_H,y_H)]\end{aligned} \tag{3-3-3}$$

式(3-3-3)的前两项分别是物光和参考光的强度分布，仅与振幅有关，与相位没有关系。第三项是干涉项，包含了物光波的振幅和相位信息。参考光波作为载波，其振幅和相位都受到物光波的调制。干涉条纹则是参考光波的振幅和相位受到物光波调制的结果。

假设全息图经数字化后离散为 $N_x\times N_y$ 个点，记录全息图的 CCD 光敏面尺寸为 $L_x\times L_y$，则通过空间采样后所记录的数字全息图可表示为：

$$i(j,k)=i_H(x_H,y_H)\mathrm{rect}(\frac{x_H}{L_x},\frac{y_H}{L_y})\sum^{j}\sum^{k}\delta(x_H-j\Delta x_H,y_H-k\Delta y_H) \tag{3-3-4}$$

其中，$j,k=1,2,3,\cdots N_{x,y}$，$\Delta x_H=\dfrac{L_x}{N_x-1}$，和 $\Delta y_H=\dfrac{L_y}{N_y-1}$ 分别是在 x_H 和 y_H 方向的采样间隔，δ 表示二维脉冲函数，矩形函数表示 CCD 靶面的有效面积。

由于数字全息是使用数字相机代替全息干板来记录全息图的，因此，想要获得高质量的数字全息图，并能完好地重现出物光波，必须保证全息图表面上的光波的空间频率与记录介质的空间频率之间的关系满足奈奎斯特采样定理，即记录介质的空间频率必须是全息图表面上光波的空间频率的两倍以上。但是，由于数码相机的分辨率（约 100C/mm）比全息干板等传统记录介质的分辨率（达到 5000C/mm）低得多，而且，数码相机的靶面面积很小，因此，数字全息的记录条件不容易满足，记录结构的考虑也有别于传统全息。目前，数字全息技术仅限于记录和重现较小物体的低频信息，且对记录条件有其自身的要求。因此，要想成功地记录数字全息图，就必须合理地设计实验光路。

设物光和参考光在全息图表面上的最大夹角为 $\theta_{\max}$，则数字相机平面上形成的最小条纹间距 $\Delta e_{\min}$ 为：

$$\Delta e_{\min}=\frac{\lambda}{2\sin(\theta_{\max}/2)} \tag{3-3-5}$$

所以，全息图表面上光波的最大空间频率为：

$$f_{\max}=\frac{2\sin(\theta_{\max}/2)}{\lambda} \tag{3-3-6}$$

假设数字相机像素大小为 Δx，根据采样定理，一个条纹周期 $\Delta e_{\min}$ 要至少等于两个像素周期，即 $\Delta e_{\min}\geqslant 2\Delta x$，记录的信息才不会失真。由于在数字全息的记录光路中，所允许的物光和参考光的夹角 θ 很小，因此，$\sin\theta\approx\tan\theta\approx\theta$，有：

$$\theta\leqslant\frac{\lambda}{2\Delta x} \tag{3-3-7}$$

所以，有：

$$\theta_{\max}=\frac{\lambda}{2\Delta x} \tag{3-3-8}$$

也就是说，在数字全息图的记录光路中，参考光与物光的夹角范围受到数码相机分辨率的限制。由于现有的数码相机分辨率都比较低，因此，只有尽可能地减小参考光和物光之间的夹角，才能保证携带物体信息的物光波的振幅和相位信息被全息图完整地记录下来。数码相机像素的尺寸一般在 $5\sim10\mu m$ 范围内，故所能记录的最大物参角在 $2^\circ\sim4^\circ$ 范围内。只要抽样定理满足，参考光可以是任何形式的，可以使用准直光，也可使用发散光，可以水平入射到数码相机，亦可以一定的角度入射到数码相机。

与传统全息记录材料相比，一方面，由于记录数字全息的数码相机靶面尺寸小，仅适应于小物体的记录；另一方面，目前数字记录全息图的数码相机像素尺寸大,分辨率低,使得能够被记录的参物光的夹角很小。因此,只能记录物体空间频谱中的低频部分,从而使重现像的分辨率低,像质较差。综上,在数字全息中要想获得较好的重现效果,需要综合考虑实验参数,合理设计实验光路。

（三）数字全息图的再现

数字全息图的数值再现方式主要有两种:第一种是由计算机程序完成数字全息图的衍射及成像等过程,获得重构的物光光波场,再通过数字显示设备显示光波场的强度图像;第二种是由计算机程序对数字全息图进行简单处理,再借助液晶空间光调制器(Liquid Crystals Spatial Light Modulators,LC-SLM)、数字微镜(Digital Micromirror Device,DMD)等衍射成像设备来获得重构的物光光波场。根据数字全息图成像方式的不同,也需要选择不同的再现系统。下面对目前应用广泛的菲涅耳数字全息图的再现系统的原理进行简要介绍。

菲涅耳数字全息图的再现过程就是一个菲涅耳衍射过程。对于图 3-3-1 的坐标关系,根据菲涅耳衍射公式可以得到物光波在全息平面上的衍射光场分布 $O(x_H,y_H)$ 为:

$$O(x_H,y_H)=\frac{e^{jkd}}{j\lambda d}\iint u(x,y)\exp\left\{\frac{jk}{2d}[(x-x_H)^2+(y-y_H)^2]\right\}dxdy \tag{3-3-9}$$

其中,λ 为波长,$k=2\pi/\lambda$ 为波数。全息平面上,设参考光波的分布为 $R(x_H,y_H)$,则全息平面的光强分布 $i_H(x_H,y_H)$ 为:

$$i_H(x_H,y_H)=[O(x_H,y_H)+R(x_H,y_H)]\cdot[O(x_H,y_H)+R(x_H,y_H)]^* \tag{3-3-10}$$

其中,上角标 * 代表复共轭。全息过程通常保持记录过程的线性条件,即底片的振幅透过率正比于曝光量(即光强)。用与参考光波相同的重现光波 $R(x_H,y_H)$ 照射全息图时,全息图后的光场分布为 $i_H(x_H,y_H)\cdot R(x_H,y_H)$。

在满足菲涅耳衍射的条件下,重现距离为 d' 时,成像平面上的光场分布 $u(x',y')$ 为:

$$u(x',y')=\frac{e^{jkd'}}{j\lambda d'}\iint i_H(x_H,y_H)R(x_H,y_H)\exp\left\{\frac{jk}{2d'}[(x'-x_H)^2+(y'-y_H)^2]\right\}dx_H dy_H \tag{3-3-11}$$

将式(3-3-11)中的二次相位因子 $(x'-x_H)^2+(y'-y_H)^2$ 展开,可写为:

$$u(x'y')=\frac{e^{jkd'}}{j\lambda d'}\exp\left[\frac{j\pi}{\lambda d'}(x'^2+y'^2)\right]\iint i_H(x_H,y_H)R(x_H,y_H)\exp\left[\frac{j\pi}{\lambda d'}(x_H^2+y_H^2)\right]\times\exp\left[-j2\pi\frac{1}{\lambda d'}(x_Hx'+y_Hy')\right]dx_H dy_H \tag{3-3-12}$$

在数字全息中，为了获得清晰的重现像，d'必须等于d（或者$-d$）。当$d'=-d<0$时，原始像在焦平面，重现像的复振幅分布为：

$$u(x',y')=-\frac{e^{jkd'}}{j\lambda d}\exp\left[-\frac{j\pi}{\lambda d}(x'^2+y'^2)\right]\times F^{-1}\left\{i_H(x_H,y_H)R(x_H,y_H)\exp\left[-\frac{j\pi}{\lambda d}(x_H^2+y_H^2)\right]\right\} \tag{3-3-13}$$

同理，当$d'=d>0$时，共轭像在焦平面，重现像的复振幅分布为：

$$u(x',y')=\frac{e^{jkd'}}{j\lambda d}\exp\left[\frac{j\pi}{\lambda d}(x'^2+y'^2)\right]\times F\left\{i_H(x_H,y_H)R(x_H,y_H)\exp\left[\frac{j\pi}{\lambda d}(x_H^2+y_H^2)\right]\right\} \tag{3-3-14}$$

利用傅立叶变换就可以求出重现像，这也是该方法称为傅立叶变换算法的原因。在式(3-3-13)和式(3-3-14)中，傅立叶变换的频率为：

$$f_x=\frac{x'}{\lambda d'},f_y=\frac{y'}{\lambda d'}$$

根据频域采样间隔和空域采样间隔之间的关系，可得：

$$\Delta f_x=\frac{1}{N_x\Delta x_H},\Delta f_y=\frac{1}{N_y\Delta y_H} \tag{3-3-15}$$

其中，N_x和N_y分别为两个方向的采样点个数。所以，全息平面的像素大小和重现像面的像素大小之间的关系为：

$$\Delta x'=\frac{\lambda d'}{N_x\Delta x_H},\Delta y'=\frac{\lambda d'}{N_y\Delta y_H} \tag{3-3-16}$$

式(3-3-16)表明，重现像的像素大小和重现距离d'成正比，重现距离越大，$\Delta x'$和$\Delta y'$就越大，分辨率就越低。在数值重现的整个计算过程中，数字图像的像素总数是保持不变的，因此，重现像的整体尺寸也与重现距离有关，随着重现距离的增大而增大。

（四）优化数字全息再现像质量的若干方法

数字全息在重现时，除实验需要的原始图像外，直透光和共轭像也同时在屏幕上以杂乱的散射光形式出现，而且扩展范围很宽，这两者的存在对再现像的清晰度造成很大影响。特别是直透光，由于占据了大部分能量而在屏幕的当中形成一个亮斑，致使再现像亮度相对较低，在屏幕上显示时因为太暗淡而使其细节难以显示出来。如果采用离轴方式记录全息图，只要在全息图的记录过程中满足再现像的分离条件，在重现过程中就可以使再现像、共轭像和直透光分开。如果能将直透光和共轭像去除，数字全息的再现像质量将会有大幅度的提高，应用范围也会相应扩大。

为了达到上述目的，目前主要有三种方法可供选择。第一种方法是利用相移技术消除直透光和共轭像。这种方法不但去除效果好，而且可以扩大再现的视场，但至少需要记录四幅全息图，而且实验装置比较复杂，同时对环境的稳定性要求也比较高，更重要的是这种方法不能适用于对生物细胞等非静止的物体的记录，因而应用范围受到很大限制。第二种方法是对数字全息图进行傅立叶变换和频谱滤波，将其中的直透光和共轭像的频谱滤掉。这种方法只需要记录一幅全息图，但要进行一次傅立叶变换和反变换，不仅浪费时间，而且在运算过程中，有用信息也会丢失，会使再现结果产生较大的误差。第三种方法就是应用数字图像处理技术，直接在空域中对全息图进行处理。这种方法不仅处理效果好，而且容易实现。下面对后两种方法作详细分析。

1. 频谱滤波法

对于离轴数字全息图的频谱，如果载波的频率大于成像目标的最高频率的三倍，其零级亮斑、原始像和共轭像的频谱是彼此分开的，这也为应用频谱滤波法提供了可能性。

全息图的强度分布为：

$$\begin{aligned} i_H(x,y) &= [R(x,y)+O(x,y)]\cdot[R(x,y)+O(x,y)]^* \\ &= |R(x,y)|^2+|O(x,y)|^2+R^*(x,y)O(x,y)+O^*(x,y)R(x,y) \end{aligned} \tag{3-3-17}$$

对式(3-3-17)的全息图光强分布做傅立叶变换，可以得到：

$$F(I)=A_0(f_x,f_y)+A_1(f_x,f_y-f_0)+A_2(f_x,f_y+f_0) \tag{3-3-18}$$

其中，

$$A_0(f_x,f_y)=F[|R(x,y)|^2+|O(x,y)|^2]$$

$$A_1(f_x,f_y-f_0)=F[R^*(x,y)O(x,y)]$$

$$A_2(f_x,f_y+f_0)=F[O^*(x,y)O(x,y)]$$

f_0 为参考光的频率，$F[\quad]$代表傅立叶变换。

如果物函数 $O(x,y)$是带限的，其最高空间频谱为 f_{max}，带宽为 $2f_{max}$，全息图的频谱如图 3-3-2 所示，其中，$2B$ 为物体的频率带宽，A_0 为频谱平面坐标原点上的 δ 函数和物函数自相关频谱的和，其中心位于原点，但是其带宽扩展到 $4f_{max}$；A_1 和 A_2 分别表示物光波的±1 级频谱，其中心分别位于$\pm f_0$ 处，带宽为 $2f_{max}$。可以看到，当满足条件 $f_0\geqslant 3f_{max}$ 时，$A_0(f_x,f_y)$、$A_1(f_x,f_y-f_0)$、$A_2(f_x,f_y+f_0)$三项在频谱面上是彼此分离的。将 $A_1(f_x,f_y-f_0)$取出来，即为物光波的频谱，再进行逆傅立叶变换，可以得到频谱滤波后的数字全息图，然后对其进行重现，就能获得无零级亮斑和共轭像的重现像。该方法充分利用了离轴全息图频谱分离这一特点，从而消除了零级亮斑和共轭像所造成的干扰，具体的操作过程如图 3-3-3 所示，其中 FFT 为快速傅立叶变换，IFFT 为快速逆傅立叶变换。

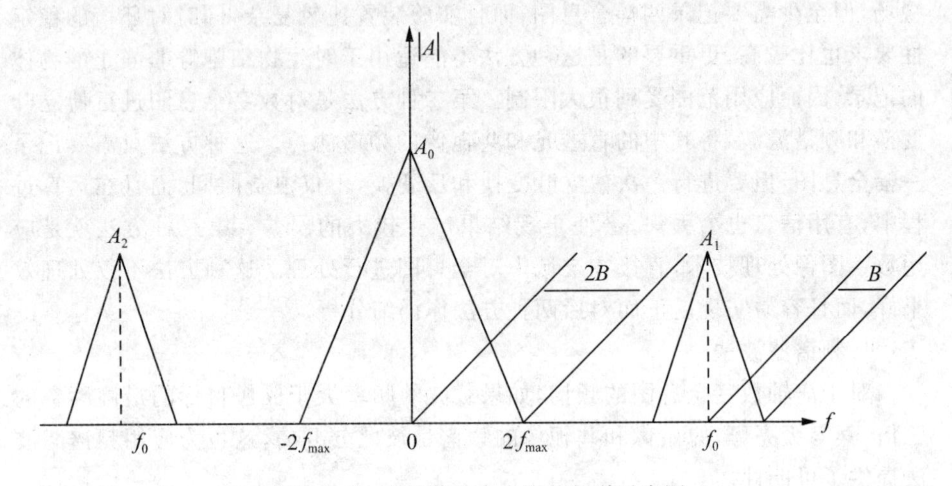

图 3-3-2 离轴数字全息图的频谱示意图

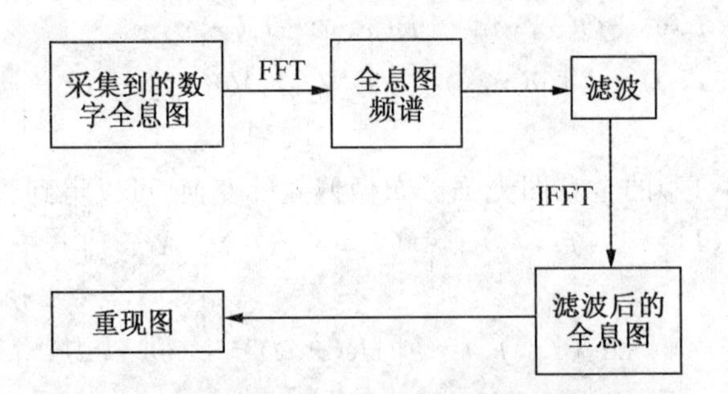

图 3-3-3 频谱滤波法的操作流程图

在频谱滤波法中，滤波窗口的选择至关重要，选取的原则是：既要让物体的高频信息通过，又要最大限度地过滤掉噪声，尽量选取较窄的频谱宽度。实际上，物体的频谱一般主要集中于低频部分，而且在频谱的中心部分强度很大，集中了很大一部分能量。相对而言，其他的频谱成分集中的能量要小得多。在滤波窗口中，往往噪声也被选中作为物场的一部分得以重现，其结果会增加噪声对重现像的影响。一般情况下，对数字全息图的频谱做二维滤波处理，滤波窗口需要是封闭的二维图形，通常用矩形窗口就能得到较好的结果。当然，滤波窗口也可以是圆形或者椭圆形的，这需要根据物体频谱分布的实际情况来确定。

虽然频谱滤波法有其突出的优点，即只需要拍摄一幅全息图，不增加实验装置的复杂性，但是频谱滤波法需要预先设计滤波器，而且对不同的全息图，滤波器的参数也不一样。一般地，这种滤波器的参数需要对全息图有先验认识或先对全息图进行频谱分析才能确定，操作过程比较复杂，并且要对全息图进行多次变换操作，容易造成数值误差。

2. 数字相减法

如果全息图频谱不满足频谱分离条件，那么上面的频谱滤波法就无法得到不受干扰的再现像，在这种情况下可以采用全息数字相减法成功地将直透光消除掉，而且使±1 级衍射像保持不变。其基本过程如下：首先，用数码相机记录下全息图的光强分布 i_H，同时把离散化的数据输入计算机存储；然后，保持光路不变，分别挡住参考光和物光，用同一个数码相机记录下它们各自的强度分布 I_R 和 I_O，同时也把它们输入计算机存储；最后，利用计算机程序对上述所采集到的三组数据进行数字相减得到 i'_H，即：

$$i'_H = i_H - I_O - I_R \tag{3-3-19}$$

其中，$I_O = |O(x_H, y_H)|^2$，$I_R = |R(x_H, y_H)|^2$，则

$$\begin{aligned} i'_H &= |R(x,y)|^2 + |O(x,y)|^2 + R^*(x,y)O(x,y) + O^*(x,y)R(x,y) \\ &\quad - |O(x,y)|^2 - |R(x,y)|^2 \\ &= R^*(x,y)O(x,y) + O^*(x,y)R(x,y) \end{aligned} \tag{3-3-20}$$

因此，对用数字相减法处理后的全息图数据进行数字再现时，在显示屏上就可以得到±1 级衍射像，而直透光将被消除。

数字相减法对参考光没有什么限制要求，不论是在球面参考光还是在平面参考光的记录条件下，都可以达到很好的效果。该方法最大的缺点就是需要分别采集和存储全息图、物光图和参考光图三幅强度图像，而且在采集此三幅图像的过程中，物光、参考光以及记录光路都不能发生变化，这在快速变化物场的测量中是相当困难的。

（五）空间光调制器在光学再现上的应用

摄像机记录了含有物光信息的全息图，如果能将此全息图加载到再现光路上，那么就能完成光学再现。空间光调制器恰好可以对光进行振幅调制和相位调制，从而完成全息图加载光路的工作。

1. 空间光调制器

空间光调制器是一类能将信息加载于一维或两维的光学数据场上，以便有效地利用光的固有速度、并行性和互连能力的器件。在随时间变化的电驱动信

号或其他驱动信号的控制下，这类器件可改变空间上光场分布的振幅或强度、相位、偏振态以及波长，或者把非相干光场转化成相干光场。由于它的这种性质，可作为实时光学信息处理、光计算等系统中的构造单元或关键的器件，是实时光学信息处理、自适应光学和光计算等现代光学领域的关键器件。空间光调制器按照对光场的读出方式不同，可以分为反射式和透射式；按照输入控制信号的方式不同，可分为光寻址（OA-SLM）和电寻址（EA-SLM）。最常见的空间光调制器是液晶空间光调制器，它是应用光—光直接转换的，因其效率高、能耗低、速度快、质量好，而广泛应用于光计算、模式识别、信息处理、显示等领域。

想定量分析液晶屏对光的调制特性，需要将调制过程用数学方法来模拟，液晶盒里的扭曲向列液晶可沿光的透过方向分层，每一层可看作是单轴晶体，它的光学轴与液晶分子的取向平行。由于分子的扭曲结构，分子在各层间按螺旋方式发生旋转，各层单轴晶体的光学轴沿光的传输方向也发生螺旋式旋转，如图 3-3-4 所示。

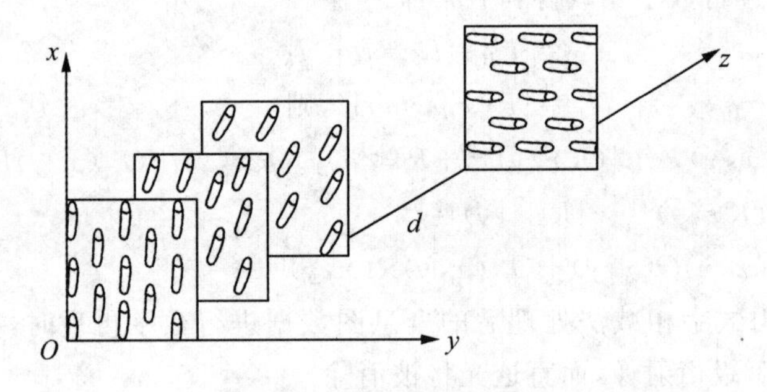

图 3-3-4　TNLC 分层模型

如图 3-3-5 所示，在空间光调制器液晶屏的使用中，光线依次通过起偏器 P_1、液晶分子、检偏器 P_2。光路中要求偏振片和液晶屏表面都在 xy 平面上，图中已经分别标出了液晶屏前后表面分子的取向，两者相差 90°。偏振片角度的定义是，逆着光的方向看，φ_1 为液晶屏前表面分子的方向顺时针到 P_1 偏振方向的角度，φ_2 为液晶屏后表面分子的方向逆时针到 P_2 偏振方向的角度。偏振光沿 z 轴传输，各层分子可以看作具有相同性质的单轴晶体，它的 Jones 矩阵表达式与液晶分子的寻常折射率 n_o 和非常折射率 n_e，以及液晶盒的厚度 d 和扭曲角 α 有关。除此之外，Jones 矩阵还与两个偏振片的转角 φ_1、φ_2 有关。因此，光波强度和相位的信息可简单表示为 $T=T(\beta',\varphi_1,\varphi_2)$，$\delta=\delta(\beta',\varphi_1,\varphi_2)$，其中 $\beta'=\pi d[n_e(\theta)-n_o]/\lambda$，又称为“双折射”，它其实为隐含电场的量，因为 β' 为非常折射率 n_e 的函数，非常折射率 n_e 随液晶分子的倾角 θ 改变，θ 又随外加电压而变化。

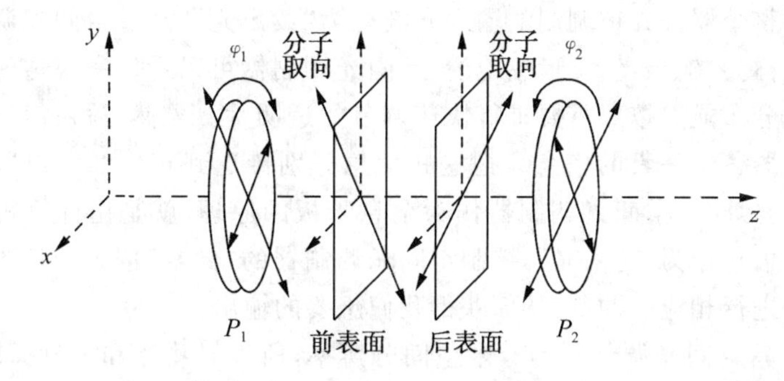

图 3-3-5　SLM 光路示意图

目前，主流的液晶显示器组成比较复杂，作为空间光调制器来使用时，通常只保留液晶材料和偏振片。液晶被夹在两个偏振片之间，就能实现显示功能，光线入射面的偏振片称为“起偏器”，出射面的偏振片称为“检偏器”。实验时，通常将这两个偏振片从液晶屏中分离出来，取而代之的是可旋转的偏振片，以方便调节角度。在不加电压和加电压的情况下，液晶屏的透光原理如图 3-3-6 所示。

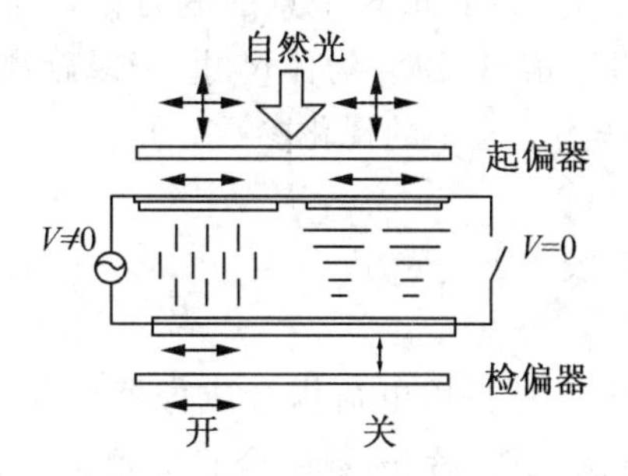

图 3-3-6　液晶屏的透光原理

图 3-3-6 中，液晶屏两侧的起偏器和检偏器相互平行，自然光透过起偏器后变为线偏振光，偏振方向为水平。右侧 $V=0$，不加电压，液晶分子自然扭曲 90°，透过光的偏振方向也旋转 90°，与检偏器方向垂直，无光线射出，即为关态。然而在左侧 $V\neq0$，分子沿电场方向排列，对光的偏振方向没有影响，光线经检偏器射出，即为开态。这样便实现了通过电压控制光线通过的功能。

2. 空间光调制器作为再现干板的原理

空间光调制器含有许多独立单元，它们在空间上排列成一维或二维阵列。每个单元都可以独立地接受光学信号或电学信号的控制，利用各种物理效应（泡克尔斯效应、克尔效应、声光效应、磁光效应、半导体的自电光效应、光折变效应等）改变自身的光学特性，从而对照射在其上的光波进行调制。一般把这些独立的小单元称为空间光调制器的“像素”，把控制像素的信号称为“写入光”，把照明整个器件并被调制的输入光波称为“读出光”，经过空间光调制器后出射的光波称为“输出光”。形象地说，空间光调制器可以看作一块透射率或其他光学参数分布能够按照需要进行快速调节的透明片。显然，写入信号应该含有控制调制器各个像素的信息。把这些信息分别传送到相应像素位置上去的过程，称为“寻址”。空间光调制器作为全息干板的原理，就是用计算机内存储的全息图的信息作为“写入光”，控制空间光调制器的“像素”按照全息图的要求去对参考光进行相应的调制，从而获得我们想要的输出。

由于液晶空间光调制器的有限空间分辨率，所以对物体和全息面距离、物体尺寸都有相应较高的要求。同时，考虑到再现衍射像不同级次要分离及提高系统分辨率等因素的要求，上述参数的选取被限定在一定范围内，以保证获得较高质量的全息像。

由于液晶空间光调制器的分辨率比干板的低，在利用空间光调制器实现全息再现的系统中，记录时参考光角度不能大于由基于 LCOS 液晶芯片的 SLM 分辨率决定的最大值。当参考光照射空间光调制器衍射的过程中，物的振幅信息和相位信息都会有丢失，所以在记录全息图的时候，一定要尽可能获得完备的信息。同时，为提高再现信息质量，物体尺寸、记录距离、参物光干涉夹角以及共轭像的分离都可以作为实验中的优化参数。

四、实验内容及步骤

数字全息一开始的定义是指用电荷耦合成像器件代替普通全息干板来记录全息图，用数字计算方法再现；后来，数字全息的范围扩大到用计算机制作全息图、光电子再现全息图等，形成了更广义的数字全息。数字全息术从记录过程看，可以分为计算机制作全息和像素全息两种；从再现过程看，可以分为计算机再现和光电子再现两种。目前，数字全息的几种实现方式和它们之间的关系如图 3-3-7 所示，总共形成了数字记录、数字再现，数字记录、光学再现，光学记录、数字再现，光学记录、光学再现等几种不同的方式。

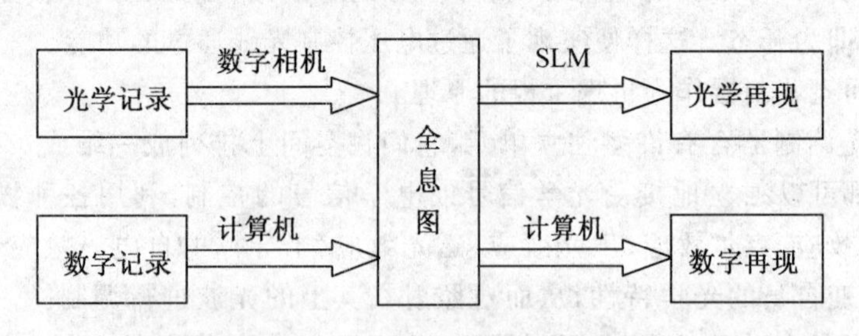

图 3-3-7　数字全息的实现方式

（一）数字记录、数字再现

本实验实现了将计算全息与数字全息相结合，利用计算机模拟全息图的记录过程，产生理想物体的离轴菲涅耳数字全息图，并由所生成的全息图重现出物体的像，实现数字全息图的记录和重现整个过程的计算机模拟，具体的操作流程如图 3-3-8 所示。图 3-3-9 为本实验的软件使用说明图示，实验步骤如下：

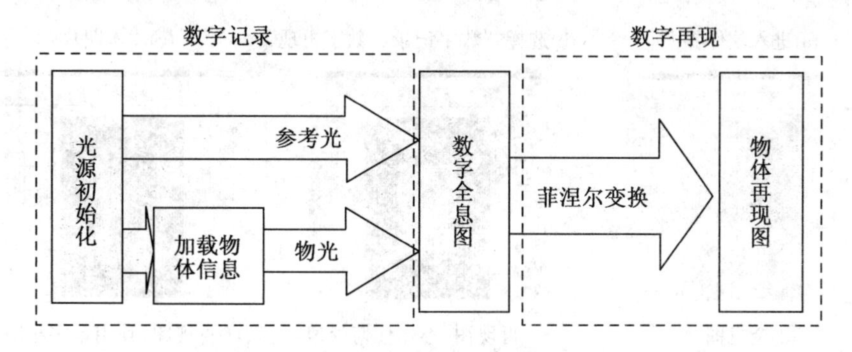

图 3-3-8　数字全息记录和重现流程图

（1）点击“读图”加载物体信息，物体图片尺寸不要超过 1024×1024。

（2）设置记录时虚拟光路的参数、衍射距离及参考光夹角，点击“生成全息图”，观察得到的数字全息图。

（3）设置数字再现时的再现距离，点击“仿真”再现。比较再现图是否和原图一致，有何区别。

（4）修改各个参数，重复以上步骤，观察每个参数对再现效果的影响。通过本实验，可对接下来的其他部分的实验有一定指导作用。

（5）实验注意事项：

①数码相机像素的尺寸一般为 5～10μm，故所能记录的最大物参角在 2°～4°范围内。本实验所采用的 CMOS 相机像素尺寸为 5.2μm，所以为了和真实的物理过程对应起来，在模拟的过程中，最大物参角为 3.4°。

②模拟再现的过程中利用了数字相减法，并和之前不作任何处理的模拟结果进行对比，证明了数字相减法能有效地消除重现像中的零级亮斑，改善重现像的质量。

③从实验结果可知，利用傅立叶变换算法对数字全息图进行重现时，如果重现距离和记录距离不相等，则看不清再现像；当重现距离和记录距离相等时，重现像的显示大小与记录距离之间的关系为：重现距离越大，重现像的像素尺寸就越大，相应所显示出来的重现像就越小。

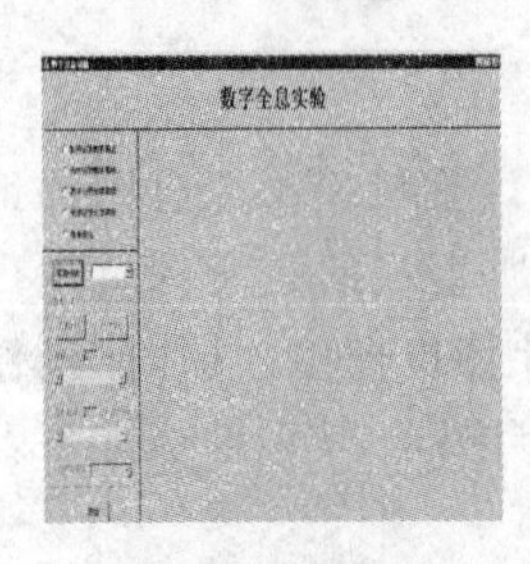

(a)进入软件界面

(b)选择“数字记录、数字再现”

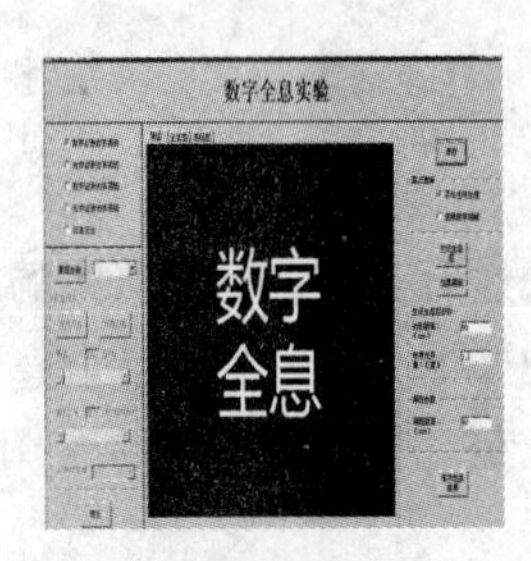

(c)读入图片

(d)全息图

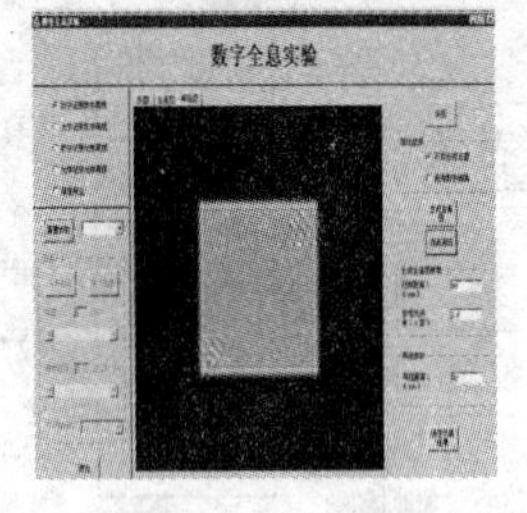

(e)再现图(不作任何处理)

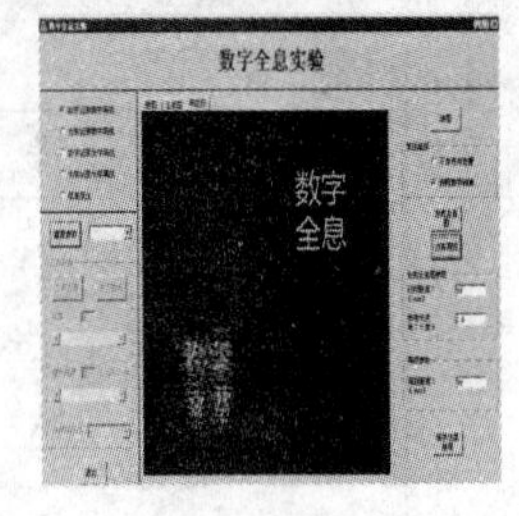

(f)再现图(使用数字相减)

图 3-3-9 “数字记录、数字再现”软件说明图示

(二)光学记录、数字再现

本实验用 CMOS 相机代替传统全息中的干板作为记录介质,再现过程在计算机中进行,实验光路如图 3-3-10 所示,实验过程的软件图示如图 3-3-11 所示,实验步骤如下:

(1)按照实验光路图,从激光器开始逐个摆放各个实验器件,确保光路水平,各光学器件同轴。目标物和 CMOS 数码相机先不加入到光路中。

(2)光路搭建完后,调节两路光,使其合成一束同轴光,能够出现同心圆环干涉条纹,此时可认为光路初步调节基本完成。

(3)旋转激光器出口的可调衰减片,将整个系统中的光强调到最弱,然后将数码相机加入到系统中,实时记录干涉条纹图案。最后调整可调衰减片,使相机采集到的干涉条纹光强合适,但不能曝光过度。

(4)调节分光光楔处的调整架,让两束光有轻微的夹角,能够产生离轴全息,方便后期再现,图像上显示为较为密集的竖条纹。

(5)将目标物加入到光路中,调节第二个可调衰减片,得到适当的参考光光强,使物光和参考光的光强相差不大。

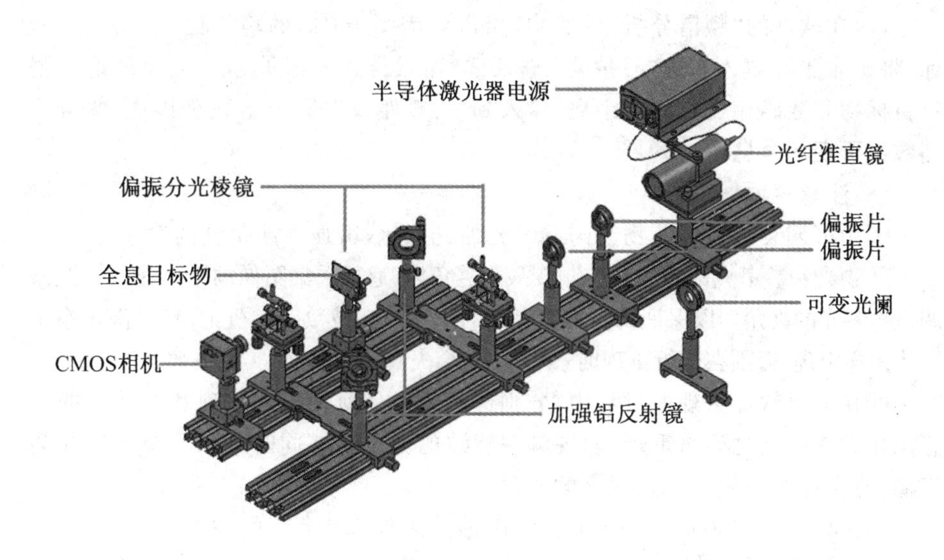

图 3-3-10　透射物体的数字全息记录光路图

(a)进入软件界面

(b)选择“光学记录、数字再现”

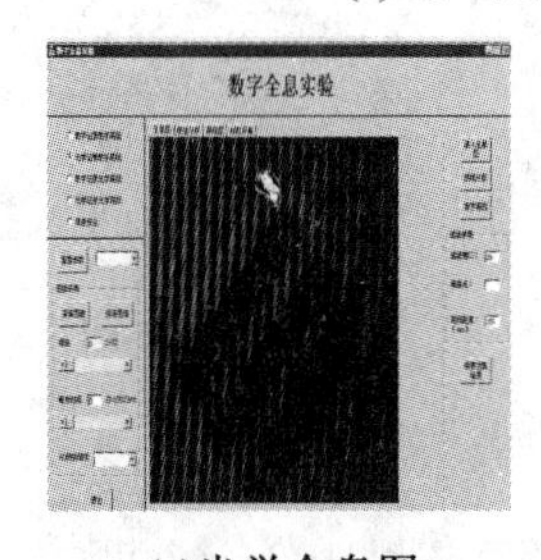

(c)光学全息图

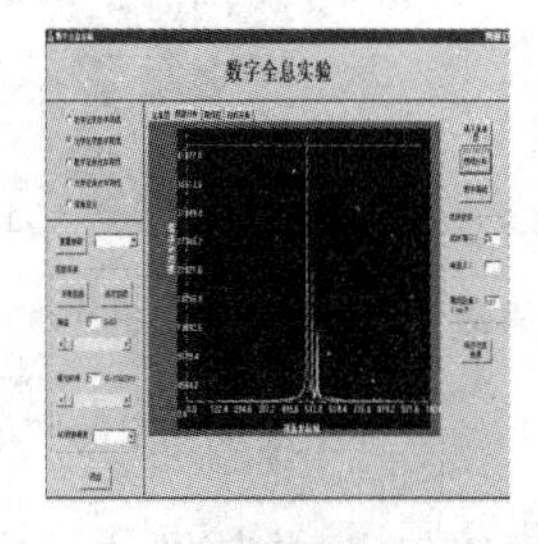

(d)频谱分析

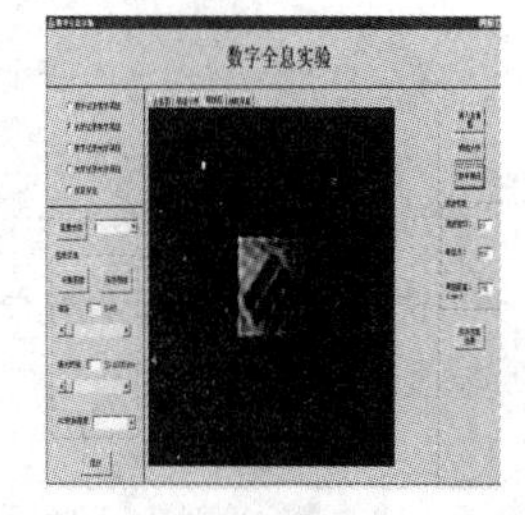

(e)再现图

图 3-3-11　“光学记录、数字再现”过程软件图示

(6)采集全息图案,用软件中的“频域分析”来观测频域中的±1 级和 0 级是否分开。如未分开,则需继续调整参考光和物光的夹角,直到±1 级和 0 级充分分开。

(7)在软件的"频谱分析"界面中,点击频谱图+1 级的峰值位置,获取其坐标,将 x 轴坐标填入右边"峰值点"输入框,输入合适的滤波窗口大小的值。测量目标物和数码相机之间的距离,输入到"再现距离"处,点击数字再现,便可得到数字再现的全息图。

(8)注意事项:

①用可调衰减片调节物光与参考光的光强比,增强干涉条纹的对比度。

②物光和参考光的角度要控制在最大夹角内(通过采集图像的干涉条纹间距来调整物参光的夹角),以保证物光和参考光的干涉场在被数字相机记录时,满足奈奎斯特采样定理,否则在进行重现时,重现像将会失真,甚至导致实验失败。

③在通过软件重现的过程中,分别进行不做任何处理的重现和对采集的全息图作频率滤波之后再重现,发现频率滤波的方法能够同时消除零级亮斑和共轭像,使再现像的质量得到明显的改善。

④在做频率滤波时,要根据采集到的全息图选择合适的滤波窗口,以便准确地选取出物光信息。

(三)数字记录、光学再现

在本实验中,首先通过软件生成全息图,实验软件操作过程如图 3-3-12 所示。然后把计算机生成的全息图读入到空间光调制器(SLM)中,用空间光调制器代替传统光学全息中的再现介质,实现再现过程,实验光路示意图如图 3-3-13 所示。

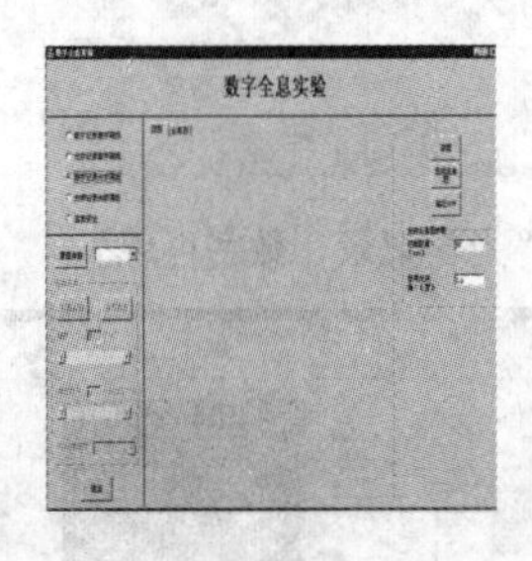

(a)选择"数字记录、光学再现"

(b)读入图片

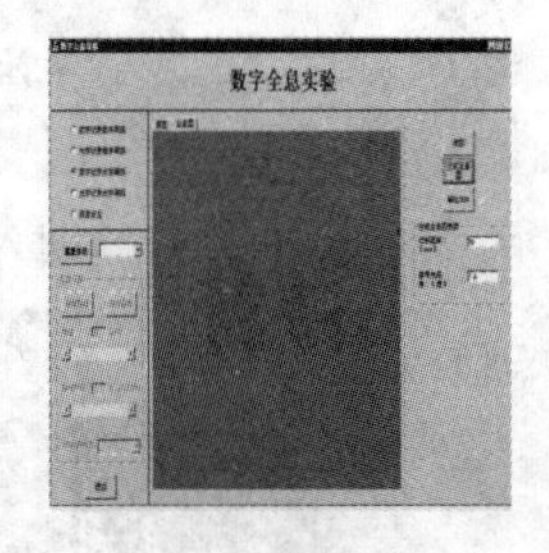

(c)全息图

图 3-3-12 软件生成全息图的实验步骤示意图

(1)点击"读图"加载物体信息,物体图片尺寸不要超过 1024×1024。

(2)设置记录时的虚拟光路的参数、衍射距离及参考光夹角,点击生成全息图,观察得到的数字全息图。

(3)按照图 3-3-13 搭建好实验光路,将 SLM 与计算机连接。点击软件中的"输出 SLM",将生成的数字全息图写入到 SLM 中。

(4)将观察屏放置到对应的再现位置,调节偏振片的角度和 SLM 与光路的夹角，直到在观察屏上观察到最好的再现效果。

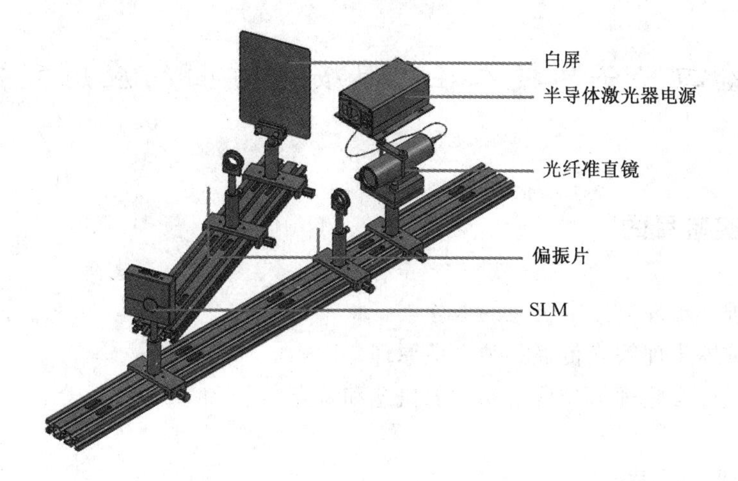

图 3-3-13　利用 SLM 进行数字全息再现的光路图

(5)注意：在实验过程中，需要调节空间光调制器前后偏振片的角度，使空间光调制器处于强度调制状态(空间光调制器不会对再现像的相位进行大的改变)，以提高再现像的对比度。

(四)光学记录、光学再现

本实验虽然是通过光路记录全息图、通过光路再现物信息，但整个实验系统已经彻底放弃了干板这种记录介质，利用高分辨率 CMOS 摄像机和空间光调制器实时采集、实时再现，方便简单。实时传统全息也同样分为两个过程：一是搭建干涉光路，用 CMOS 摄像机采集全息图；二是将全息图加载到空间光调制器上，让再现光入射，在空间光调制器后方放置 CCD 或 CMOS，采集再现图像。

(1)第一个过程可以参考实验(二)光学记录、数字再现实验中的采集部分，实现光学记录，获得大小为 1024×1024 的全息图。

(2)第二个过程的再现光路可参考实验(三)数字记录、光学再现实验中的光学再现部分，将获得的全息图加载到空间光调制器上，再现得到物体的像。

(3)注意：因为有了前面实验的基础，本实验的内容学生应该完全可以独立设计完成，不再需要老师的指导和演示。

如果前面三部分实验内容占用的时间比较长，第四部分光学记录、光学再现实验可以与实验四全息技术在信息安全方面的应用实验合在一起做，恰好可以给学生留出消化前面三个实验内容(数字记录、数字再现；光学记录、数字再现；数字记录、光学再现)的时间，进而能独立设计完成光学记录、光学再现的实验。

实验四　全息技术在信息安全方面的应用实验

一、实验目的

(1)进一步理解数字全息的概念。
(2)进一步理解光传播的独立性原理。
(3)通过实验理解光信息安全的概念和特点。

二、实验仪器

半导体激光电源、光纤准直镜、偏振片、空间光调制器 SLM、接收白屏、计算机等。

三、实验原理

基于光学理论与方法的数据加密和信息隐藏技术,是近年来在国际上开始出现的新一代信息安全理论与技术。并行数据处理是光学系统固有的能力,如在光学系统中一幅二维图像中的每一个像素都可以同时地被传播和处理。当进行大量信息处理时,光学系统的并行处理能力很明显占有绝对的优势,并且所处理的图像越复杂,信息量越大,这种优势就越明显。同时,光学加密装置比电子加密装置具有更多的自由度,信息可以被隐藏在多个自由度空间中。在完成数据加密或信息隐藏的过程中,可以通过计算光的干涉、衍射、滤波、成像、全息等过程,对涉及的波长、焦距、振幅、光强、相位、偏振态、空间频率及光学元件的参数等进行多维编码。与传统的基于数学的计算机密码学和信息安全技术相比,光学信息安全技术具有多维、大容量、高设计自由度、高速度、天然的并行性、难以破解等诸多优势。

密码技术是信息安全的核心。密码学是在编码和破译的斗争实践中逐步发展起来的,并随着先进科学技术的发展和应用,已成为一门综合性的尖端技术科学。它与数学、语言学、声学、电子学、信息论、计算机科学等有着广泛而密切的联系。随着计算机网络不断渗透到各个领域,密码学的应用范围也随之扩大。密码学由密码编码学和密码分析学两个相互对立又相互促进的分支组成。密码编码技术的主要任务是寻求产生安全性高的有效密码算法，以满足对消息进行加密或认证的要求。密码分析技术的主要任务是破译密码或伪造认证信息，实现窃取机密信息或进行诈骗破坏活动。这两个分支既相互对立又相互依存。正是由于这种对立统一关系，才推动了密码学自身的发展。通常将待加密的消息称为"明文"，加密后的消息称为"密文"，而加密就是从明文得到密文的过程，合法地由密文恢复明文的过程则称为"解密"。表示加密和解密过程的数学函数称为"密码算法"。实现这种变换过程需要输入的参数称为"密钥"。密钥可能的取值范围称为"密钥空间"。密码算法、明文、密文和密钥组成密码系统。

由于数字全息的灵活性，我们可以将其应用于数字图像加密领域。依据前面提到的数字全息的记录和再现的原理，将明文作为物光信息，则全息记录图即为密文。根据光的衍射传播原理，我们可以知道，加密和解密的算法即为菲涅尔衍射算法，在整个全息系统中的波长、再现距离都可以作为密钥。这样，便构成了一个完整的信息安全密码系统。在加密时，可以利用计算全息，在计算机中通过菲涅耳变化计算生成含有明文信息的物光的衍射全息图。然后在解密时，将衍射全息图写入到空间光调制器中，用特定的波长按照特定的光路，才能在唯一的衍射距离得到我们的明文信息。

四、实验内容及步骤

为了研究光信息安全中把波长和距离作为信息加密密码的特点，本实验建立了一个层析的理想三维物体的模型，制作了理想三维物体的离轴菲涅耳全息图，并对其进行了数值重现。

理想三维物体需要满足三个条件：物体是自发光物体；物光波的传播是在自由空间传播；物体的前后面不互相影响。

层析的理想三维物体就是将理想三维物体看作是由一系列相互平行的截面所组成。图 3-4-1 是由三个截面组成的理想三维物体的数字全息记录光路示意图。

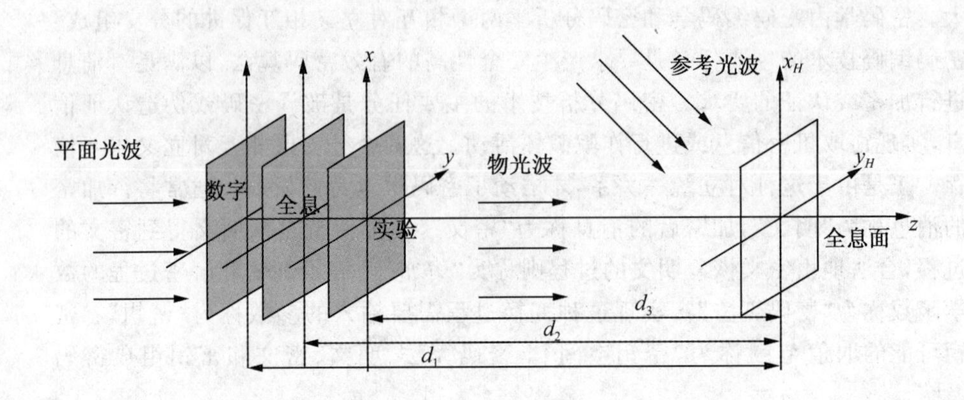

图 3-4-1 理想三维物体的数字全息记录光路示意图

设每个截面的振幅透过率函数为 $f_i(x,y)$，i 表示截面的序号，每个截面经过距离 d_i 后衍射到全息面上的复振幅分布为 $O_i(x_H,y_H)$。由于每个截面都会衍射到全息面，所以，全息图是由所有截面的衍射光波共同作用而形成的。因此，在全息平面上，物光波的复振幅分布 $O(x_H,y_H)$ 为各个截面衍射光波的叠加，即：

$$O(x_H,y_H)=\sum_{i=1}^{N}O_i(x_H,y_H) \tag{3-4-1}$$

其中，N 为截面的总个数。因此，全息图的光强分布 $i_H(x_H,y_H)$ 为：

$$i_H(x_H,y_H)=[O(x_H,y_H)+R(x_H,y_H)]\cdot[O(x_H,y_H)+R(x_H,y_H)]^* \tag{3-4-2}$$

对全息图进行数值重现，改变重现距离 d_i'，即在不同的重现面上进行重现，就可以得到理想三维物体一系列重现面上的复振幅分布。

实验步骤如下：

(1)本实验选用的理想三维物体是一个透明长方体。在透明体里面有三个截面，每个截面上标有一组汉字，这三组汉字的空间位置不在同一轴线上，目的是使物体的前后面不互相影响。点击实验软件中的“读图”按钮，分别读入对应图片，并设置对应的记录距离，然后点击“生成全息图”。实验过程软件说明如图 3-4-2 所示。

(a) 选择“信息安全”读入图1

(b) 读入图2

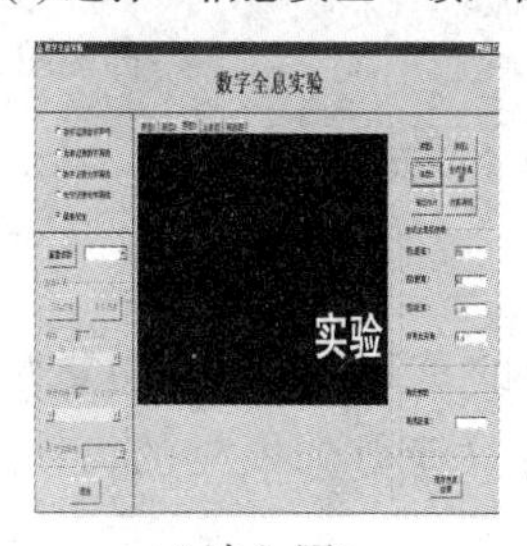

(c) 读入图3

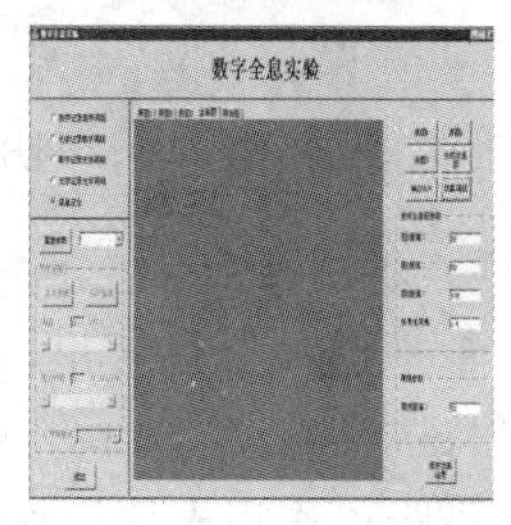

(d)生成全息图

图 3-4-2　软件说明

(2)在软件中写入再现距离,点击“仿真再现”,可看到数字再现的效果。通过对理想三维物体进行逐层重现,获得理想三维物体各截面的重现图。

(3)按照图 3-4-3 搭建实验光路,将生成的数字全息图输入到 SLM,分别在不同的位置观测再现图案,观测是否与仿真效果一致。

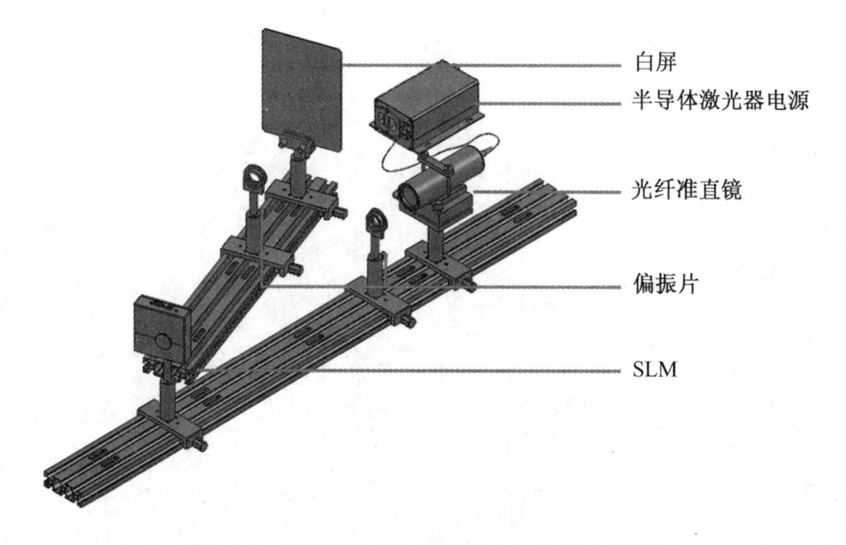

图 3-4-3　利用 SLM 进行数字全息再现的光路图

(4)输出到 SLM 后,软件上的显示如图 3-4-4 所示。

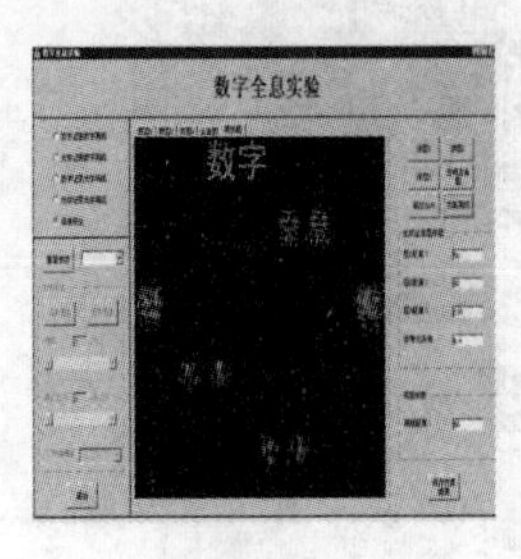

再现图1

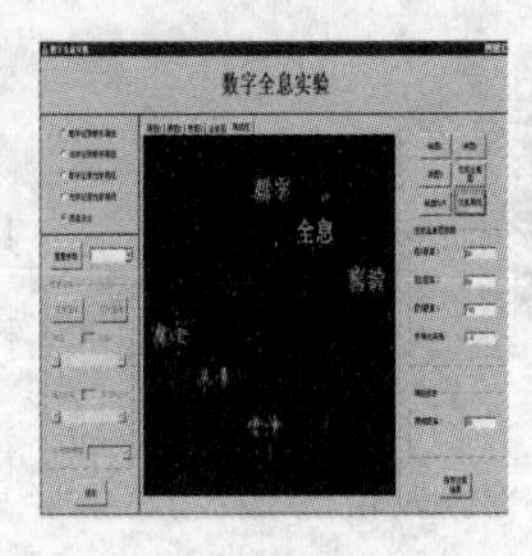

再现图2

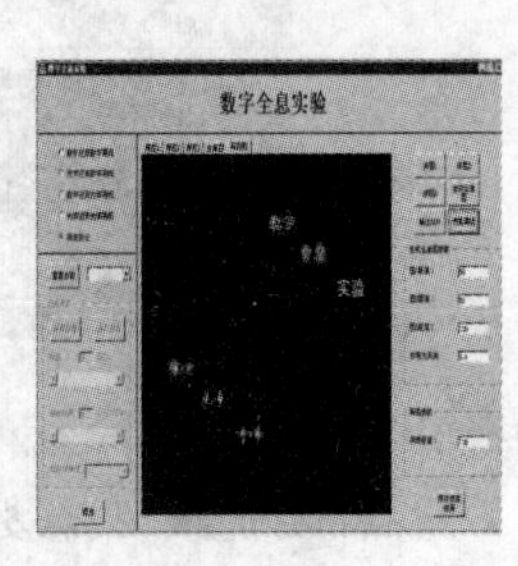

再现图3

图 3-4-4　利用 SLM 进行数字全息再现的软件图

(5)注意事项:

①从重现结果可以看出,对于某一截面的重现图,只有当重现距离等于记录距离时,该截面上的物体才最清晰,否则将只能得到模糊的衍射像,这很好地符合了记录距离作为光信息加密密钥的特点。

②本实验中所展现的数字全息在信息安全中的应用,只是一个非常简单的例子,主要是帮助学生理解数字全息和信息安全的一些基本概念。在实际科研工作中,国内外相关学者有着很多非常不错的工作成果,有兴趣的同学可以自己去涉猎。

主要参考文献

1. 周炳琨等. 激光原理(第6版). 北京：国防工业出版社，2009

2. 蓝信钜等. 激光技术(第3版). 北京：科学出版社，2009

3. 姚建铨. 非线性光学频率变换及激光调谐技术(第1版). 北京：科学出版社，1995

4. 刘敬海. 激光器件与技术(第1版). 北京：北京理工大学出版社，1995

5. [美]W. 克希奈尔. 固体激光工程(第1版). 北京：科学出版社，1983

6. 方志豪，朱秋萍，方锐. 光纤通信原理与应用(第2版). 北京:电子工业出版社，2013

7. 原荣. 光纤通信(第3版). 北京:电子工业出版社，2010

8. 宋菲君，羊国光，余金中. 信息光子学物理(第1版). 北京：北京大学出版社，2006

9. 李俊昌等. 信息光学教程(第1版). 北京：科学出版社，2011

10. 苏显渝等. 信息光学(第2版). 北京：科学出版社，2011

11. G. Keiser. Optical Fiber Communications. 3rd ed.. New York：McGraw-Hill，2000[中译本]李玉泉等译. 光纤通信(第3版). 北京:电子工业出版社，2002

12. 尚连聚. 激光二极管端面抽运的1.34μm Nd:YVO4平凹腔型激光器. 物理学报，2003，52(10)：2476～2480

13. G. P. Agrawal. Fiber-Optic Communication Systems. 4th ed.. New York：John Wiley & Sons，2010

14. 南京哲华科技有限公司. ZH5002光纤通信综合实验系统实验指南. 南京，2003

图书在版编目(CIP)数据

光信息专业综合实验/张树东,尚连聚,徐慧主编.
—济南:山东大学出版社,2015.8
ISBN 978-7-5607-5347-8

Ⅰ.①光… Ⅱ.①张… ②尚… ③徐… Ⅲ.①信息光学－实验－教材 Ⅳ.①O438-33

中国版本图书馆 CIP 数据核字(2015)第 197788 号

责任策划:李　港
责任编辑:李　港
封面设计:张　荔

出版发行:山东大学出版社
社　址　山东省济南市山大南路 20 号
邮　编　250100
电　话　市场部(0531)88364466
经　销:山东省新华书店
印　刷:沂南县汶凤印刷有限公司
规　格:720 毫米×1000 毫米　1/16
9.25 印张　160 千字
版　次:2015 年 8 月第 1 版
印　次:2015 年 8 月第 1 次印刷
定　价:15.00 元